2級の復習テスト(1)

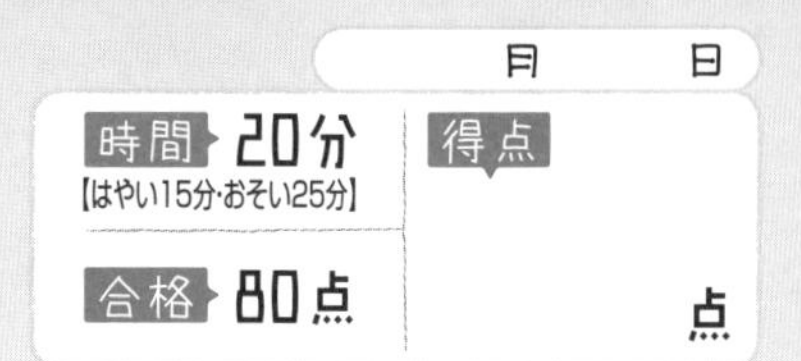

1 計算をしなさい。(1つ10点)

① $1\frac{7}{15}-\frac{5}{12}\times1\frac{3}{5}$

② $1\frac{7}{8}+7\frac{1}{2}\div3\frac{1}{3}$

JN084428

③ $3\frac{1}{6}\div\left(2\frac{3}{4}-1\frac{1}{6}\right)$

④ $\left(3\frac{4}{5}+2\frac{7}{10}\right)\times1\frac{1}{11}$

⑤ $\left(3\frac{1}{5}-1.8\right)\div0.02$

⑥ $7.44\div1\frac{7}{20}\div6\frac{1}{5}$

2 xの値(あたい)を求めなさい。(1つ10点)

① $\frac{1}{3}+x=\frac{1}{2}$

② $\frac{2}{5}\div x=\frac{2}{3}$

③ $\left(x+1\frac{1}{3}\right)\div\frac{5}{6}=4$

④ $\left(\frac{7}{16}-x\right)\times\frac{4}{5}=\frac{1}{20}$

2級の復習テスト(2)

1 計算をしなさい。（1つ10点）

① $\frac{8}{9}\times\frac{3}{4}\div\frac{7}{8}\div\frac{5}{14}$

② $\frac{5}{8}\times1\frac{1}{5}+\frac{2}{3}\div\frac{10}{11}$

③ $\left(\frac{2}{3}-\frac{1}{2}\right)\div\left(\frac{2}{3}+\frac{1}{2}\right)$

④ $\left(0.6+\frac{2}{7}\right)\div4\frac{3}{7}-0.1$

2 計算をしなさい。（1つ10点）

① $2\frac{11}{14}+4\frac{13}{21}-3\frac{6}{7}-2\frac{2}{3}$

② $1\frac{8}{25}\div\left(2\frac{4}{15}\div3\frac{1}{9}\right)\times\frac{5}{11}$

③ $1\frac{1}{4}+2\frac{1}{3}\div1\frac{3}{4}-1\frac{1}{12}$

④ $1\frac{1}{24}-1\frac{41}{50}\times\frac{55}{78}\div17\frac{1}{9}$

⑤ $\left(3\frac{5}{6}-2\frac{2}{5}+1\frac{7}{15}\right)\div1\frac{14}{15}$

⑥ $(4.25-1.75)+1.8\div1\frac{1}{3}$

2級の復習テスト(3)

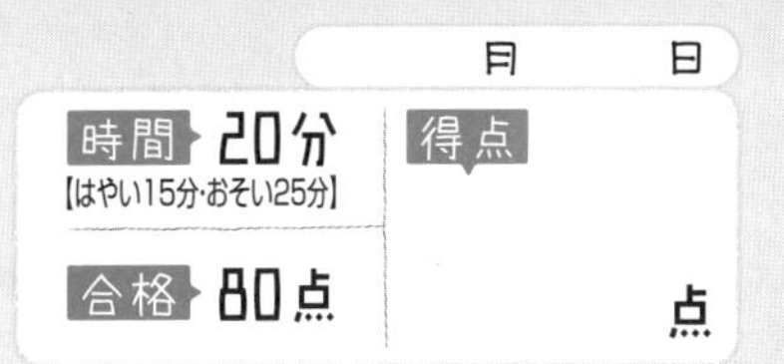

1 計算をしなさい。(1つ10点)

① $3\frac{5}{6}+1\frac{1}{4}-2\frac{1}{3}$

② $2\frac{1}{2}-1\frac{3}{4}\times\frac{6}{7}$

③ $2\frac{1}{9}\div\frac{2}{3}-1$

④ $2\frac{1}{3}\times2\frac{1}{4}\div4\frac{1}{5}$

⑤ $0.75\times\left(1\frac{5}{6}-\frac{1}{2}\right)$

⑥ $1.5\div2\frac{2}{3}\div0.75$

2 xの値(あたい)を求めなさい。(1つ10点)

① $2.6:3.9=2:x$

② $1\frac{2}{3}:1\frac{3}{4}=x:21$

③ $\left(\frac{13}{15}-x\right)\div\frac{2}{5}=1\frac{2}{3}$

④ $4\frac{1}{6}-x\div1\frac{1}{5}=2\frac{1}{2}$

2級の復習テスト(4)

1 計算をしなさい。(1つ10点)

① $\frac{7}{8}-\frac{5}{6}+\frac{3}{4}-\frac{1}{2}$

② $8\frac{1}{2}-3\frac{1}{2}\times\frac{3}{14}-\frac{5}{8}$

③ $\left(\frac{3}{5}-\frac{3}{7}\right)\div\frac{4}{7}\times1\frac{2}{3}$

④ $\left(\frac{5}{6}+\frac{3}{8}\right)\div\left(1\frac{1}{6}-\frac{1}{5}\right)$

2 計算をしなさい。(1つ10点)

① $5-2\frac{1}{3}-1\frac{4}{5}+1\frac{4}{7}$

② $\frac{2}{5}\times\frac{3}{4}\div1\frac{1}{9}\div\frac{9}{20}$

③ $\left(1\frac{1}{2}-1\frac{1}{3}\right)\div3\frac{3}{4}+\frac{1}{15}$

④ $\frac{2}{7}\times\left(1\frac{1}{3}-0.75\right)+0.2$

⑤ $1.6\div\left(1\frac{2}{9}-0.6\right)-1.75$

⑥ $1\frac{5}{9}\div\left(0.6-\frac{1}{3}\right)\times2.4$

3日 6つまでの整数の計算

9×(128−9×12)÷5−7 の計算

計算のしかた

$9\times(128-9\times12)\div5-7$

❶ ( )の中のかけ算を先にする

$=9\times(128-108)\div5-7$

❷ ( )の中のひき算をする

$=9\times20\div5-7$

❸ かけ算・わり算を左から順にする

$=36-7$

❹ ひき算をする

$=29$

□をうめて，計算のしかたを覚えよう。

❶ ( )の中の計算をします。
かけ算をひき算より先にして，
9×12=①□ になります。

❷ ( )の中のひき算をして，
128−①□=②□ になります。

❸ かけ算・わり算をひき算より先にします。
左から順に計算して，
9×②□÷5=③□÷5=④□ になります。

❹ ひき算をして，④□−7=⑤□ になるから，
答えは，⑤□になります。

計算の順序をしっかり覚えておこう。

覚えよう たし算・ひき算・かけ算・わり算の混じった式では，かけ算・わり算をたし算・ひき算より先にします。また，かっこのある場合は，かっこの中の計算をいちばん先にします。

計算してみよう

時間 20分
【はやい15分・おそい25分】
合格 8個
正答 ／10個

1 計算をしなさい。

① $117-17\times3+9\div9$

② $28-12\div(6-2)\times3$

③ $200-150\div(18+42\div6)$

④ $12\times4-124\div4+2$

2 計算をしなさい。

① $5-5\div5\times(5-5\div5)$

② $1111\div\{(111\div3+2)\div3-2\}$

③ $48-3\times(18-6\div3\times4)$

④ $4+49\div7\times8-59+19$

★⑤ $78\times73+67\times78-120\times39$

★⑥ $2668\times13-1334\times12-667\times27$

7つ以上の整数の計算

50−{(24−19)×2−(15+3)÷6}×6 の計算

計算のしかた

$$50-\{(24-19)\times2-(15+3)\div6\}\times6$$

❶ $=50-\{5\times2-18\div6\}\times6$ 　(　)の中の計算をする

❷ $=50-\{10-3\}\times6$ 　{ 　}の中のかけ算・わり算を先にする

❸ $=50-7\times6$ 　{ 　}の中のひき算をする

❹ $=50-42$ 　かけ算を先にする

❺ $=8$ 　ひき算をする

□をうめて，計算のしかたを覚えよう。

❶ (　)の中の計算をします。

24−19=[①　　]，15+3=[②　　] になります。

❷ { 　}の中のかけ算・わり算をひき算より先にします。

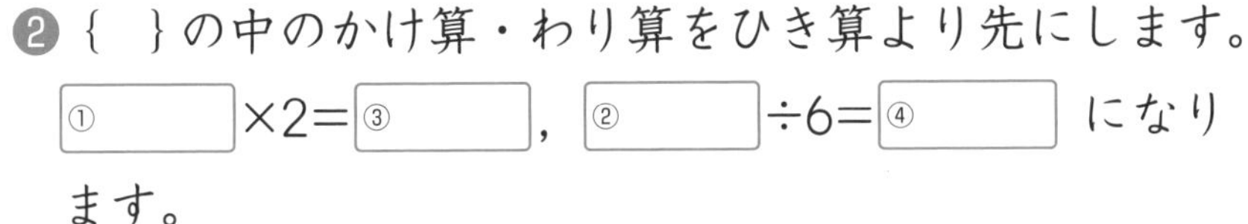

[①　　]×2=[③　　]，[②　　]÷6=[④　　] になります。

❸ { 　}の中のひき算をして，

[③　　]−[④　　]=[⑤　　] になります。

❹ かけ算をひき算より先にして，[⑤　　]×6=[⑥　　] になります。

❺ ひき算をして，50−[⑥　　]=[⑦　　] になるから，

答えは[⑦　　]になります。

かっこが(　)と{ 　}の2種類あるときの計算だよ。

覚えよう かっこが(　)と{ 　}の2種類ある式では，まず(　)の中の計算を先にし，次に{ 　}の中の計算をします。

計算してみよう

時間 20分【はやい15分・おそい25分】 正答 

合格 8個 ／10個 

1 計算をしなさい。

① $4\times23-20\div5\times(4+6\times3)$

② $27+\{15+14\times6\div(4+8)\times5\}$

③ $195\div\{(41-38)\times5\}+(71-54)\times5$

④ $8\times\{4+(8+8\times5)\div6\}\div4\times3$

⑤ $7\times\{82-30\div6\times(27-2\times7)\}-15$

⑥ $15+\{30\times(17-9)\div5+16\div4\times2\}$

⑦ $(12+3\times4)+5\times\{67-(8+9)\}\div10$

★⑧ $176-15\times6+\{43\times7-(103-53)\div5\}\div3$

★⑨ $\{(39-14)\times12-(45+15)\times2\}\div(9+3\times4-16)$

★⑩ $9\div3-\{6\times(8+4\times3)\div5-5\times4\}\div4$

復習テスト(1)

月　日

時間 20分【はやい15分・おそい25分】
合格 80点
得点　　点

1 計算をしなさい。(1つ10点)

① $12-6+\{4-(5-2)\}\times3$

② $106-\{333-3\times(24-9)\}\div16$

③ $113+\{207-(34+9\times13)\}\div7$

★④ $7+97+997+9997+99997+999997$

2 計算をしなさい。(1つ10点)

① $27\div(6-9\div3)\times(81-13\times4)$

② $5\times31\times2-(72\div3+33)\times4$

③ $43+36\div2-(22-16\div2)\times2$

④ $6+12\div(28-16\div4-2\times11)\times2$

★⑤ $28-6\times\{4\times(8-2)-28\div7\}\div8-9$

★⑥ $10-3+6-5+8-7+4-1+2-9$

復習テスト(2)

時間 20分 【はやい15分・おそい25分】 得点 点

合格 80点

1 計算をしなさい。(1つ10点)

① $48 \div 4 \times 3 - 2 - \{15 - (13 - 6)\}$

② $12 + \{20 \times (8 - 2) \div 5 + 6 \times 9\}$

③ $(77 \times 15 - 18 \times 15 - 32 \times 15) \div 54$

④ $232 - 96 \div 2 - (24 - 9 \times 2) - 55$

⑤ $6 \times (8 + 3 \times 4) \div 5 - 3 \times (7 - 3)$

⑥ $134 - 14 \times 5 + 45 \times 3 - (81 - 35) \div 2$

★⑦ $\{(32 - 4) \div 7 \times 19 - (8 + 16) \times 3\} \times 11 \div 2$

★⑧ $8 \times 7 \times 6 \times 5 \times 4 - 7 \times 6 \times 5 \times 4 \times 3$

★⑨ $5 \times 5 \times 5 + 6 \times 6 \times 6 + 7 \times 7 \times 7 + 8 \times 8 \times 8$

★⑩ $10 \times 9 \times 8 \times 7 \times 6 - 9 \times 8 \times 7 \times 6 \times 5 - 8 \times 7 \times 6 \times 5 \times 4 - 7 \times 6 \times 5 \times 4 \times 3$

月　日

6日 5つの小数の計算

$13.2-\{5.6+0.5\times(0.3+0.9)\}$ の計算

計算のしかた

$13.2-\{5.6+0.5\times(0.3+0.9)\}$

❶ ( )の中の計算をする

$=13.2-\{5.6+0.5\times1.2\}$

❷ { }の中のかけ算を先にする

$=13.2-\{5.6+0.6\}$

❸ { }の中のたし算をする

$=13.2-6.2$

❹ ひき算をする

$=7$

□をうめて，計算のしかたを覚えよう。

❶ ( )の中の計算をします。

0.3+0.9=[①　　] になります。

❷ { }の中のかけ算をたし算より先にします。

0.5×[①　　]=[②　　] になります。

❸ { }の中のたし算をして，

5.6+[②　　]=[③　　] になります。

❹ ひき算をして，13.2−[③　　]=[④　　] になるから，

答えは[④　　]になります。

覚えよう 整数の計算と同じように，かっこが( )と{ }の2種類ある式では，まず( )の中の計算を先にし，次に{ }の中の計算をします。

計算してみよう

1 計算をしなさい。

① $18-35\times0.2+6\div0.1$

② $(0.33\times22+0.22\times33)\div0.11$

③ $(8.5\times2.5-4.3\times2.5)\times4$

④ $(9.73-3.8+0.23\times4)\div1.37$

⑤ $3.2\div0.4\times4.5-1.5\times1.8$

⑥ $81.56+204.05+0.4+164-61.97$

⑦ $1\div0.1\times0.01\div0.001\times0.0001$

★⑧ $0.789\div0.03-(1.1+0.125)\times7$

★⑨ $0.002\times0.625\times54321\times1.6\times50$

★⑩ $0.28\div0.25\times1.37\times0.0625\div0.07$

6つ以上の小数の計算

$(2.95-0.7)\times1.7+2.55\div6-8.125\times0.4$ の計算

計算のしかた

$(2.95-0.7)\times1.7+2.55\div6-8.125\times0.4$

❶ （　）の中の計算をする

$=2.25\times1.7+2.55\div6-8.125\times0.4$

❷ かけ算・わり算を先にする

$=3.825+0.425-3.25$

❸ たし算・ひき算をする

$=1$

□をうめて，計算のしかたを覚えよう。

❶（　）の中の計算をします。

$2.95-0.7=$ ①□ になります。

❷ かけ算・わり算をたし算・ひき算より先にします。

①□ $\times1.7=$ ②□

$2.55\div6=$ ③□

$8.125\times0.4=$ ④□

になります。

❸ たし算・ひき算を左から順にして，

②□ ＋ ③□ － ④□ $=4.25-$ ④□ ＝ ⑤□ になるから，

答えは ⑤□ になります。

覚えよう

整数の計算と同じように，たし算・ひき算・かけ算・わり算とかっこの混じった式は，まずかっこの中の計算をし，次にかけ算・わり算をして，最後にたし算・ひき算をします。

計算してみよう

時間 20分 【はやい15分・おそい25分】
合格 8個
正答 ／10個

1 計算をしなさい。

① $1.2\times3+4.6\div4\div0.5-0.8$

② $54\times0.12-18\times0.12-26\times0.12$

③ $1.2\times10.4-14.3\times0.7+1.7\times3$

④ $1.1\times13+2.2\times12-3.3\times11$

⑤ $20-\{(3.4-1.2)\times2.7\div6+0.04\}$

⑥ $(0.15\times5+10.4\div0.26)\times3-109.25$

⑦ $0.625\times8-44\div(21\div7+0.16\times50)$

⑧ $\{(13.5+3\times4.5)\div3-3.5\times2\}\times5$

★⑨ $0.2\times(1+0.02-0.02\times0.02)\div0.02+0.2\times0.02$

★⑩ $\{(3.14-1.22\times2)\times2+22.5\div3\}-(2.6\times0.5+2)\div3$

複習テスト(3)

1 計算をしなさい。(1つ10点)

① $\{(23-3\times7)+5.4\}\times0.32$

② $\{12-4\times(5.3-3.05)\}\div0.3$

③ $(1.75\times1.75-1.25\times1.25)\times0.7-0.05$

④ $3.413-2.8\times0.12+3.64\div130$

⑤ $283\times(35.7-28.7\times1.2)\div0.18$

2 計算をしなさい。(1つ10点)

① $(0.1+0.01\div0.001)\times0.1-0.1\times0.1$

② $0.1\times0.3\times100+0.4\times0.8\div0.01$

★③ $314\div3.2\times0.64-15.7\div0.25\div1.25$

④ $4.5+6\times0.6-(3.1-1.7)\times5$

★⑤ $7.5\times7.1-0.168\div0.014-1.025\times8.4$

復習テスト(4)

時間 20分【はやい15分・おそい25分】 得点 点
合格 80点

1 計算をしなさい。(1つ10点)

① $10.1+0.69\div0.3-0.4\times0.7$

② $0.32\div0.08\times0.21-0.26\times3$

③ $(80\times0.4+3.6)\div(1.2-0.31)$

④ $7.317-6.038+8.009-0.334-1.654$

2 計算をしなさい。(1つ10点)

① $1.24\times3.2-1.24\times0.8+1.24\times2.6$

② $10-2.8\times1.5-(9\div30-0.06)$

③ $(43.263-9.368+58.96-5.075)\div4.18$

④ $(2.6-0.8)\div0.9\times3-(10.8+6.7)\div7$

⑤ $8\times7.85+2\times3.14\times4-106.9\times0.8$

★⑥ $0.98\times7.6-0.54\times3.2+0.28\times7-1.4\times0.2+1.3\times2$

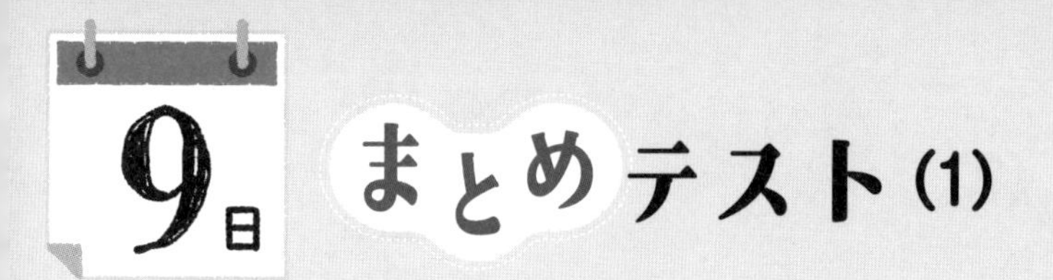

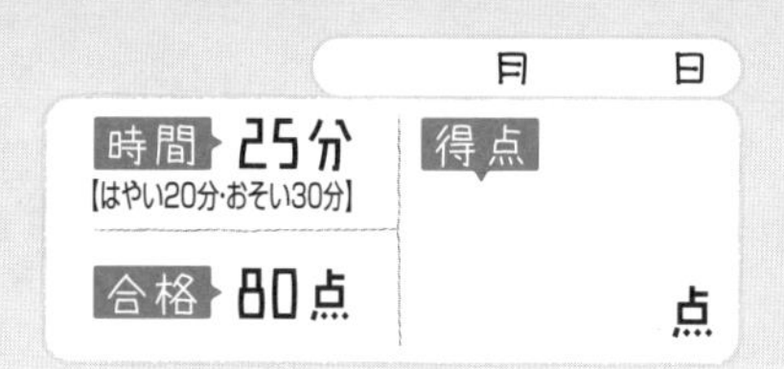

1 計算をしなさい。(1つ10点)

① $1755-(976\div4-113)\times5$

② $\{261-3\times(72-25)\}\div(15\times4)$

③ $531-\{42\times8-(93-29)\div16\}$

④ $22.5\times0.4-4.2\div1.2+2.5$

⑤ $3.75-0.7\times2.1+2.66\div0.7$

2 計算をしなさい。(1つ10点)

① $56+\{42\div7-(60-16\times3)\div4\}$

② $19-15+8\div4-10\div(7-1)\times3$

③ $0.2\times1.1\times0.5+0.1\div0.01\times1.01$

④ $7.9\times6.8+45.05\div8.5-31.7\times1.6$

⑤ $78.9\times67.8-56.7\times45.6+34.5\times23.4$

まとめテスト(2)

時間 25分【はやい20分・おそい30分】
合格 80点
得点　　点

1 計算をしなさい。(1つ10点)

① $(754+521-457-125)\div99$

② $34-39\div\{75-5\times(21-9)-2\}$

③ $162-120\div\{90-3\times(42-17)\}$

④ $1.2+3.2\div4-(68-13.4\div0.2)$

⑤ $0.3\times0.5-0.3\times0.2+0.01$

2 計算をしなさい。(1つ10点)

① $46-3\times(30-20\div5\times4)+12$

② $\{(34-15)\times8-24\div(11-8)\}\div24$

③ $(3-1.42)\div2+5.4\div4\times2$

④ $(5.4\times4-1.4\div0.2\times3)\times2.5$

⑤ $18+3.5\div(1.3-0.95)-2.8\div(2.1-1.75)$

月　日

5つの分数の計算

$1\frac{2}{5}\div\left(\frac{3}{4}-\frac{2}{3}\right)-1\frac{1}{4}\times2\frac{2}{5}$ の計算

計算のしかた

$$1\frac{2}{5}\div\left(\frac{3}{4}-\frac{2}{3}\right)-1\frac{1}{4}\times2\frac{2}{5}$$

❶ (　)の中の計算をする

$$=1\frac{2}{5}\div\frac{1}{12}-1\frac{1}{4}\times2\frac{2}{5}$$

❷ かけ算・わり算をする

$$=16\frac{4}{5}-3$$

❸ ひき算をする

$$=13\frac{4}{5}$$

□をうめて，計算のしかたを覚えよう。

❶ (　)の中の分数を通分して計算すると，

$\frac{3}{4}-\frac{2}{3}=\frac{9}{12}-\frac{8}{12}=$ ①□

❷ かけ算・わり算をひき算より先にすると，それぞれ

$1\frac{2}{5}\div$ ①□ $=\frac{7}{5}\times\frac{12}{1}=\frac{7\times12}{5\times1}=\frac{84}{5}=$ ②□

$1\frac{1}{4}\times2\frac{2}{5}=\frac{5}{4}\times$ ③□ $=\frac{\overset{1}{\cancel{5}}\times\overset{3}{\cancel{12}}}{\underset{1}{\cancel{4}}\times\underset{1}{\cancel{5}}}=$ ④□

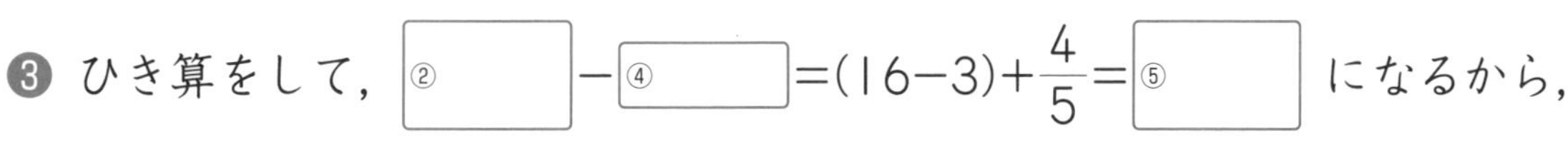

❸ ひき算をして，②□ $-$ ④□ $=(16-3)+\frac{4}{5}=$ ⑤□ になるから，

答えは ⑤□ になります。

覚えよう　整数や小数の計算と同じように，まず，かっこの中の計算，次にかけ算・わり算，最後にたし算・ひき算をします。

計算してみよう

時間 20分
【はやい15分・おそい25分】
合格 6個

正答 ／8個

1 計算をしなさい。

① $\frac{1}{2}-\frac{1}{3}+\frac{1}{4}-\frac{1}{5}-\frac{1}{6}$

② $\frac{9}{10}\div\frac{7}{8}\times\left\{\left(\frac{5}{6}-\frac{3}{4}\right)\div\frac{1}{2}\right\}$

③ $\left\{\frac{3}{4}-\left(\frac{9}{14}-\frac{3}{7}\right)\times\frac{7}{9}\right\}\div1\frac{3}{4}$

④ $\left(5\frac{1}{4}-2\frac{2}{3}\right)\div\left(\frac{1}{2}+\frac{1}{3}-\frac{1}{4}\right)$

⑤ $3\frac{3}{4}\times2\frac{1}{3}-\frac{3}{4}\times\frac{2}{5}\div\frac{5}{6}$

⑥ $\frac{1}{2}+2\frac{2}{3}+\frac{1}{6}-3\frac{5}{8}+1\frac{5}{12}$

⑦ $\frac{13}{36}+2\frac{1}{3}\div1\frac{1}{3}-5\frac{5}{6}\times\frac{4}{21}$

★⑧ $\left(\frac{5}{6}-\frac{5}{24}\right)\div\left(\frac{1}{72}\div\frac{9}{16}\div19\frac{1}{5}\right)$

月　　日

6つの分数の計算

$2\frac{4}{5}-2\frac{1}{7}\times1\frac{3}{4}+\left(4\frac{1}{3}-2\frac{3}{5}\right)\div\frac{2}{3}$ の計算

計算のしかた

$$2\frac{4}{5}-2\frac{1}{7}\times1\frac{3}{4}+\left(4\frac{1}{3}-2\frac{3}{5}\right)\div\frac{2}{3}$$

❶ ( )の中の計算をする

$$=2\frac{4}{5}-2\frac{1}{7}\times1\frac{3}{4}+1\frac{11}{15}\div\frac{2}{3}$$

❷ かけ算・わり算をする

$$=2\frac{4}{5}-3\frac{3}{4}+2\frac{3}{5}$$

❸ たし算・ひき算をする

$$=1\frac{13}{20}$$

□をうめて，計算のしかたを覚えよう。

❶ ( )の中の分数を通分して計算すると，

$4\frac{1}{3}-2\frac{3}{5}=4\frac{5}{15}-2\frac{9}{15}=$ ①□ $-2\frac{9}{15}=$ ②□

❷ かけ算・わり算をたし算・ひき算より先にすると，それぞれ

$2\frac{1}{7}\times1\frac{3}{4}=\frac{15}{7}\times$ ③□ $=\frac{15\times\overset{1}{\cancel{7}}}{\underset{1}{\cancel{7}}\times4}=\frac{15}{4}=$ ④□

②□ $\div\frac{2}{3}=\frac{26}{15}\times\frac{3}{2}=\frac{\overset{13}{\cancel{26}}\times\overset{1}{\cancel{3}}}{\underset{5}{\cancel{15}}\times\underset{1}{\cancel{2}}}=\frac{13}{5}=$ ⑤□

❸ 分母が同じ分数の計算を先にして，$2\frac{4}{5}+$ ⑤□ $=4\frac{7}{5}$

ひき算をして，$4\frac{7}{5}-$ ④□ $=4\frac{28}{20}-3\frac{15}{20}=$ ⑥□ になるから，

答えは ⑥□ になります。

計算してみよう

合格 6個

／8個

1 計算をしなさい。

① $\left(\frac{1}{3}-\frac{1}{4}+\frac{1}{2}\right)\div\left(\frac{3}{8}+\frac{5}{6}-\frac{7}{12}\right)$

② $\frac{11}{35}\times1\frac{1}{2}+\frac{22}{35}\times\frac{1}{3}+\frac{33}{35}\times\frac{1}{4}$

★③ $\frac{1}{2}+\frac{1}{6}+\frac{1}{12}+\frac{1}{20}+\frac{1}{30}+\frac{1}{42}$

④ $1\frac{1}{3}-1\frac{1}{4}\div2\frac{7}{24}+\frac{9}{22}\times\frac{2}{3}+\frac{4}{33}$

⑤ $2\frac{1}{3}\times1\frac{2}{5}-\left(5\frac{3}{4}-4\frac{6}{7}\div1\frac{3}{14}\right)\div3\frac{3}{4}$

★⑥ $2\frac{3}{4}\div\frac{1}{4}-\left\{2\frac{2}{5}\times\left(3\frac{2}{3}-2\frac{1}{4}\right)-2\frac{1}{2}\right\}$

★⑦ $\left(\frac{2}{39}+\frac{3}{26}\right)\div\left\{\left(\frac{3}{100}+\frac{4}{75}\right)-\left(\frac{4}{205}+\frac{5}{164}\right)\right\}$

★⑧ $6\frac{1}{4}-\left\{3\frac{7}{12}-\left(\frac{3}{8}+\frac{1}{6}\right)\times1\frac{5}{13}\right\}-2\frac{1}{3}$

復習テスト(5)

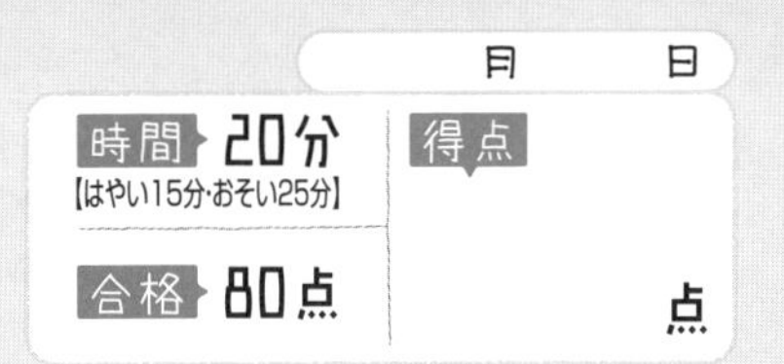

1 計算をしなさい。(1つ11点)

① $\frac{5}{16}\div\frac{1}{4}-\frac{2}{3}\times\frac{5}{6}+\frac{4}{9}$

② $\left(\frac{1}{3}+\frac{1}{4}+\frac{1}{12}+\frac{1}{21}\right)\times\frac{1}{10}$

③ $1\frac{5}{14}-\left(2\frac{5}{6}-1\frac{3}{8}\right)\div\left(3\frac{1}{3}+\frac{3}{4}\right)$

④ $\left(1\frac{9}{11}+\frac{4}{33}\right)\times\left(\frac{5}{6}-\frac{3}{8}\right)\div\frac{14}{15}$

⑤ $4\frac{3}{8}\times2\frac{2}{7}-3\frac{11}{36}\div1\frac{3}{11}\times2\frac{2}{17}$

★
2 計算をしなさい。(1つ15点)

① $\frac{1}{3}\times\frac{6}{47}+\frac{1}{4}\times\frac{6}{47}+\frac{1}{5}\times\frac{6}{47}$

② $1\frac{1}{2}\times2\frac{2}{3}+3\frac{1}{4}\times2\frac{2}{3}-2\frac{2}{3}\div\frac{8}{27}$

③ $\left(\frac{11}{34}+\frac{4}{119}\right)\div\left(\frac{9}{26}+\frac{27}{91}\right)\times\left(\frac{5}{22}+\frac{4}{55}\right)$

復習テスト(6)

時間 20分 【はやい15分・おそい25分】 合格 80点 得点 点

1 計算をしなさい。(1つ10点)

① $\frac{5}{8}\times\frac{4}{15}+\frac{4}{9}\div\left(\frac{1}{2}-\frac{1}{3}\right)$

② $1\frac{1}{4}\times2\frac{2}{5}+\frac{1}{4}-\frac{7}{33}\times2\frac{3}{4}$

③ $\left\{\frac{5}{6}-\left(\frac{7}{9}-\frac{2}{9}\right)\times\frac{3}{5}\right\}\div1\frac{1}{2}$

④ $3\frac{2}{15}-4\frac{1}{5}\times\frac{2}{3}+\frac{3}{10}\div2\frac{1}{4}$

2 計算をしなさい。(1つ15点)

① $1\frac{7}{9}\div\left\{\left(\frac{3}{8}+\frac{1}{6}\right)\times2\frac{4}{13}-\frac{7}{12}\right\}+\frac{4}{15}$

② $\left(\frac{5}{9}-\frac{1}{4}\right)\times1\frac{1}{5}\div\left\{\left(2\frac{1}{6}+1\frac{1}{2}\right)\div\frac{1}{3}\right\}$

★③ $3\frac{4}{7}\times\left(1\frac{5}{9}-\frac{5}{9}\div6\frac{2}{3}+\frac{19}{36}\right)\div1\frac{3}{7}$

★④ $2\frac{13}{17}-\frac{5}{18}\div\left(2\frac{3}{4}-4\frac{1}{6}\times\frac{8}{15}\right)\times3\frac{6}{17}$

7つ以上の分数の計算

$\left\{2\frac{2}{3}+\left(1\frac{3}{5}-\frac{2}{7}\right)\times\frac{14}{69}\right\}\times\left\{\frac{8}{33}\div\left(2\frac{1}{3}-1\frac{4}{5}\right)\right\}$ の計算

計算のしかた

$\left\{2\frac{2}{3}+\left(1\frac{3}{5}-\frac{2}{7}\right)\times\frac{14}{69}\right\}\times\left\{\frac{8}{33}\div\left(2\frac{1}{3}-1\frac{4}{5}\right)\right\}$

❶ ( )の中の計算をする

$=\left\{2\frac{2}{3}+1\frac{11}{35}\times\frac{14}{69}\right\}\times\left\{\frac{8}{33}\div\frac{8}{15}\right\}$

❷ { }の中の計算をする

$=2\frac{14}{15}\times\frac{5}{11}$

❸ かけ算をする

$=1\frac{1}{3}$

□をうめて，計算のしかたを覚えよう。

❶ ( )の中の計算をすると，それぞれ

$1\frac{3}{5}-\frac{2}{7}=1\frac{21}{35}-$ ①□ $=$ ②□，$2\frac{1}{3}-1\frac{4}{5}=2\frac{5}{15}-1\frac{12}{15}=$ ③□

❷ { }の中の計算をすると，それぞれ

$2\frac{2}{3}+$ ②□ $\times\frac{14}{69}=2\frac{2}{3}+\frac{46}{35}\times\frac{14}{69}=2\frac{2}{3}+$ ④□ $=2\frac{10}{15}+\frac{4}{15}=$ ⑤□

$\frac{8}{33}\div$ ③□ $=\frac{8}{33}\times\frac{15}{8}=\frac{5}{11}$

❸ かけ算をして，⑤□ $\times\frac{5}{11}=\frac{44}{15}\times\frac{5}{11}=\frac{4}{3}=$ ⑥□ になるから，

答えは ⑥□ になります。

計算してみよう

【はやい15分・おそい25分】

／7個

1 計算をしなさい。

① $\frac{7}{12}\times\frac{9}{14}-\frac{4}{15}\times\left\{\left(\frac{5}{6}-\frac{3}{4}\right)\div\frac{2}{3}+\frac{1}{2}\right\}$

② $2\frac{5}{18}-1\frac{7}{18}\times\frac{3}{5}+\frac{1}{4}-2\frac{7}{9}\times\frac{7}{15}\div6\frac{2}{3}$

③ $\left(2\frac{1}{7}+\frac{3}{5}\right)\times1\frac{2}{3}-\frac{7}{10}\times\frac{2}{7}-\frac{16}{49}\div\frac{4}{7}$

★④ $2\frac{5}{8}-\left(1\frac{3}{4}\times\frac{5}{14}-\frac{5}{12}\div1\frac{2}{3}\right)\times\frac{4}{9}-1\frac{1}{3}$

★⑤ $\left(3\frac{3}{4}-\frac{2}{7}\right)\times\frac{2}{3}-\frac{3}{5}\div\frac{3}{10}-\frac{13}{28}\div3\frac{1}{4}$

★**2** 計算をしなさい。

① $\frac{2}{3}\times\left(1\frac{1}{12}-\frac{7}{8}\right)\times21\frac{3}{5}\div\frac{2}{3}\times\left\{\left(3\frac{1}{3}-2\frac{1}{2}\right)\div\frac{5}{9}\right\}$

② $\frac{2}{1\times3}+\frac{2}{2\times4}+\frac{2}{3\times5}+\frac{2}{4\times6}+\frac{2}{5\times7}$

14日 整数・小数・分数の混合計算 (1)

$0.125-\frac{1}{12}+2\times\left(1\frac{2}{3}-0.5\right)$ の計算

計算のしかた

$0.125-\frac{1}{12}+2\times\left(1\frac{2}{3}-0.5\right)$

❶ 小数を分数に直す

$=\frac{1}{8}-\frac{1}{12}+2\times\left(1\frac{2}{3}-\frac{1}{2}\right)$

❷ (　)の中の計算をする

$=\frac{1}{8}-\frac{1}{12}+2\times1\frac{1}{6}$

❸ かけ算を先にする

$=\frac{1}{8}-\frac{1}{12}+2\frac{1}{3}$

❹ たし算・ひき算をする

$=2\frac{9}{24}=2\frac{3}{8}$

□をうめて，計算のしかたを覚えよう。

❶ 小数を分数に直すと，$0.125=\frac{125}{1000}=$ ①□，$0.5=\frac{5}{10}=$ ②□

❷ (　)の中の計算をして，

$1\frac{2}{3}-$ ②□ $=1\frac{4}{6}-\frac{3}{6}=$ ③□

❸ かけ算をたし算・ひき算より先にして，

$2\times$ ③□ $=\frac{2}{1}\times\frac{7}{6}=\frac{7}{3}=$ ④□

❹ たし算・ひき算をして，①□ $-\frac{1}{12}+$ ④□ $=\frac{3}{24}-$ ⑤□ $+2\frac{8}{24}$

$=2\frac{9}{24}=$ ⑥□ になるから，答えは ⑥□ になります。

覚えよう 整数・小数・分数の混じった式では，小数を分数に直すと計算することができます。

計算してみよう

／8個

1 計算をしなさい。

① $\left(\frac{2}{3}-\frac{1}{2}\right)\times\left\{\frac{1}{2}-\left(1-\frac{3}{4}\right)\right\}$

② $\frac{1}{2}-\left(1\frac{1}{4}-\frac{2}{3}\right)\times\frac{4}{5}\div1.75$

③ $0.75\times\left\{\left(3\frac{2}{3}-2\right)\div\frac{2}{3}-1\right\}$

④ $\frac{4}{21}\div\left(\frac{9}{14}+0.75-\frac{3}{28}\right)\times0.25$

★**2** 計算をしなさい。

① $\left\{3.3-1\frac{3}{25}\div\left(3\frac{2}{3}-1\frac{4}{5}\right)\right\}\times2\frac{2}{9}$

② $4\frac{3}{4}-1.75\times24\div14+2\frac{2}{3}$

③ $15\frac{3}{4}-\left\{14-\left(3.25-2\frac{1}{4}\right)\times6\right\}$

④ $3\frac{2}{9}-\left(7-4\frac{3}{5}\right)\div1.2\times1\frac{1}{3}$

15日 復習テスト(7)

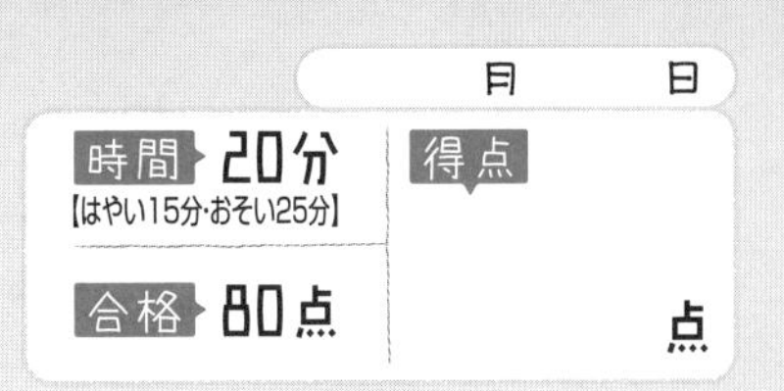

1 計算をしなさい。(1つ11点)

① $\frac{2}{5}\times0.5-0.27\div1\frac{4}{5}\times\frac{2}{3}$

② $0.25\times\left(1.2+\frac{2}{3}\right)\div\left(2\frac{10}{21}-\frac{1}{7}\right)$

③ $4\frac{2}{5}\div\left\{\frac{2}{5}+1\frac{1}{2}\times\left(\frac{4}{5}-0.48\right)\right\}$

④ $2-\frac{3}{7}\div\left\{\left(1\frac{1}{4}-\frac{2}{7}\right)\div1\frac{4}{5}\right\}$

⑤ $\left\{1\frac{7}{9}\times0.375-\left(\frac{1}{2}-\frac{1}{6}\right)\right\}\div\frac{5}{9}$

2 計算をしなさい。(1つ15点)

① $\left(\frac{1}{2}-\frac{1}{3}+\frac{1}{4}-\frac{1}{5}\right)\times\frac{1}{13}\div\frac{1}{6}\div\frac{1}{10}$

★② $\left\{\left(\frac{7}{9}-\frac{5}{19}\right)\times5\frac{2}{11}-2\frac{1}{3}\right\}\div\frac{1}{3}-\frac{5}{33}\times4\frac{2}{5}$

★③ $\left(\frac{1}{2}+\frac{3}{4}\right)\times\left(\frac{1}{2}\times\frac{1}{2}-\frac{1}{2}\times\frac{3}{4}+\frac{3}{4}\times\frac{3}{4}\right)$

復習テスト(8)

時間 20分【はやい15分・おそい25分】 得点 点
合格 80点

1 計算をしなさい。(1つ11点)

① $\left(1\frac{2}{5}\div0.75-0.7\times1\frac{2}{3}\right)\div2\frac{1}{3}$

② $\left(0.1\times0.01+\frac{1}{100}\right)\div0.01\div\frac{1}{1000}$

③ $93-52\div\left(7\frac{1}{4}-0.75\right)\times8\frac{1}{2}$

④ $\left(0.125+\frac{3}{4}\right)\times\left(\frac{4}{25}+\frac{1}{125}\div0.05\right)$

⑤ $8-\left\{\left(2.34-1\frac{1}{4}\right)\times5\frac{3}{10}-3.927\right\}$

★ **2** 計算をしなさい。(1つ15点)

① $\frac{1}{2}\times\frac{1}{3}+\frac{1}{3}\times\frac{1}{4}+\frac{1}{4}\times\frac{1}{5}+\frac{1}{5}\times\frac{1}{6}$

② $\frac{2}{3}-\frac{1}{6}+\frac{3}{5}-\frac{1}{10}+\frac{4}{7}-\frac{1}{14}+\frac{5}{9}-\frac{1}{18}$

③ $\left(2\frac{1}{2}-1\frac{1}{3}\right)\times1\frac{1}{5}+\left(1\frac{1}{5}+1\frac{1}{2}\right)\times1\frac{1}{3}-\left(1\frac{1}{5}+\frac{2}{3}\right)\times2\frac{1}{2}$

まとめテスト(3)

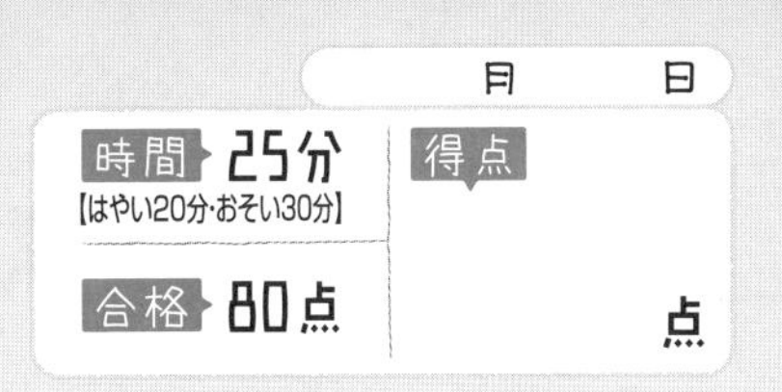

1 計算をしなさい。(1つ11点)

① $\left(\frac{1}{3}+\frac{1}{2}-\frac{1}{4}\right)\times\frac{1}{7}\div\frac{5}{7}$

② $\frac{1}{2}+\frac{1}{3}+\frac{1}{4}+\frac{1}{5}-\frac{5}{6}$

③ $\frac{3}{5}\div1\frac{1}{5}+\frac{3}{4}\times\frac{3}{4}-\frac{5}{8}$

④ $\frac{3}{7}-\left(\frac{4}{15}\times\frac{5}{8}-\frac{1}{12}\div1\frac{1}{6}\right)$

★⑤ $3\frac{3}{4}\times\left\{4\frac{2}{3}\div\left(3\frac{5}{6}-2\frac{3}{8}\right)-2\frac{2}{5}\right\}$

2 計算をしなさい。(1つ15点)

① $\frac{1}{2}+\frac{1}{3}-\frac{1}{4}-\frac{1}{6}-\frac{1}{8}+\frac{1}{12}$

② $\frac{3}{5}+\left\{1\frac{5}{6}-\left(\frac{1}{2}+\frac{1}{6}\right)\div\frac{5}{13}\right\}\times1\frac{1}{7}$

★③ $\left(4\frac{1}{3}-3\frac{4}{5}\right)\times1\frac{1}{4}\div\left\{\left(\frac{1}{4}-\frac{1}{6}\right)\div\frac{3}{4}\right\}$

まとめテスト(4)

時間 25分 【はやい20分・おそい30分】 得点

合格 80点 点

1 計算をしなさい。(1つ12点)

① $\left(\frac{1}{2}-\frac{1}{6}-\frac{1}{12}-\frac{1}{20}\right)\div\left(\frac{1}{3}-\frac{1}{15}-\frac{1}{35}-\frac{1}{63}\right)$

② $\left(1-\frac{1}{9}\right)\times\left(1-\frac{1}{16}\right)\times\left(1-\frac{1}{25}\right)\times\left(1-\frac{1}{36}\right)$

③ $2-\left\{3-\left(1\frac{1}{8}+\frac{3}{4}\right)\times\frac{3}{5}+\frac{7}{8}\right\}\times\frac{2}{3}$

④ $1\frac{1}{2}+\left\{\frac{3}{5}\div1\frac{1}{2}\div\left(\frac{4}{15}\div5\frac{3}{5}\times1\frac{1}{20}\right)\right\}\div2\frac{2}{3}$

⑤ $\left(5\frac{5}{8}-4\frac{7}{12}\right)\times1\frac{1}{20}\div\left(5\frac{5}{6}-\frac{2}{3}\times1\frac{17}{18}\right)\div\frac{1}{32}$

2 計算をしなさい。(①②1つ13点,③14点)

① $4.2-0.75\times\frac{2}{3}\div\frac{5}{8}-2.6$

② $\left\{\left(\frac{7}{8}-0.25\right)\times\frac{4}{15}-\frac{1}{7}\right\}\div1\frac{1}{6}$

③ $\left\{1.25+0.5\times\left(1.3+1\frac{2}{5}\right)\right\}\div4\frac{1}{3}$

整数・小数・分数の混合計算 (2)

月　日

$\left[1.4-\left\{1\frac{5}{6}-\left(1\frac{1}{3}+0.75\right)\times\frac{4}{5}\right\}\right]\times\frac{5}{37}$ の計算

計算のしかた

$\left[1.4-\left\{1\frac{5}{6}-\left(1\frac{1}{3}+0.75\right)\times\frac{4}{5}\right\}\right]\times\frac{5}{37}$

❶ 小数を分数に直す

$=\left[1\frac{2}{5}-\left\{1\frac{5}{6}-\left(1\frac{1}{3}+\frac{3}{4}\right)\times\frac{4}{5}\right\}\right]\times\frac{5}{37}$

❷ (　)の中の計算をする

$=\left[1\frac{2}{5}-\left\{1\frac{5}{6}-2\frac{1}{12}\times\frac{4}{5}\right\}\right]\times\frac{5}{37}$

❸ {　}の中の計算をする

$=\left[1\frac{2}{5}-\frac{1}{6}\right]\times\frac{5}{37}$

❹ [　]の中の計算をして，かけ算をする

$=1\frac{7}{30}\times\frac{5}{37}=\frac{1}{6}$

□をうめて，計算のしかたを覚えよう。

❶ 小数を分数に直すと，$1.4=1\frac{4}{10}=1\frac{2}{5}$，$0.75=\frac{75}{100}=$ ①□

❷ (　)の中の計算をして，$1\frac{1}{3}+$ ①□ $=1\frac{4}{12}+\frac{9}{12}=1\frac{13}{12}=$ ②□

❸ {　}の中の計算をして，$1\frac{5}{6}-$ ②□ $\times\frac{4}{5}=1\frac{5}{6}-$ ③□ $\times\frac{4}{5}=1\frac{5}{6}-\frac{5}{3}$

$=1\frac{5}{6}-1\frac{2}{3}=1\frac{5}{6}-$ ④□ $=$ ⑤□

❹ [　]の中の計算をして，$1\frac{2}{5}-$ ⑤□ $=1\frac{12}{30}-\frac{5}{30}=$ ⑥□

かけ算をして，⑥□ $\times\frac{5}{37}=\frac{37}{30}\times\frac{5}{37}=$ ⑦□ になるから，

答えは ⑦□ になります。

計算してみよう

1 計算をしなさい。

① $\left\{\frac{1}{2}+\left(1-\frac{1}{3}\times\frac{3}{5}\right)\div4\right\}\times5$

② $\left(1-2\frac{1}{5}\div4\frac{1}{10}\right)\times\left(0.8\times1.5-\frac{7}{10}\right)$

③ $\frac{1}{2}-\left(\frac{3}{4}-\frac{2}{3}\right)\times6+0.25\div1\frac{3}{4}$

④ $0.25\times\left(2\frac{1}{5}-1.75\right)\times1\frac{2}{3}\div\left(2.25-1\frac{1}{8}\right)$

⑤ $1.8\times1\frac{2}{3}\div1.5-\left(\frac{5}{6}-\frac{3}{4}\right)\div0.25$

⑥ $0.69\div\left(\frac{1}{4}+0.9\right)-\left(\frac{3}{4}\div0.45-1\frac{2}{5}\right)$

★⑦ $\left(4\frac{2}{11}-0.125\right)\div1\frac{4}{11}\div\left(4\frac{5}{8}+3.5\div2\frac{1}{3}\right)$

★⑧ $5\frac{5}{7}+\left(\frac{2}{7}+\frac{18}{35}\right)\div0.4+17\frac{2}{7}\div2.75$

月　日

整数・小数・分数の混合計算 (3)

$15.45-(8.75+2.09)\div\frac{4}{5}+\frac{5}{6}\times(4.1-2.78)$ の計算

計算のしかた

$$15.45-(8.75+2.09)\div\frac{4}{5}+\frac{5}{6}\times(4.1-2.78)$$

❶ ( )の中を計算する

$$=15.45-10.84\div\frac{4}{5}+\frac{5}{6}\times1.32$$

❷ 小数を分数に直す

$$=15\frac{9}{20}-10\frac{21}{25}\div\frac{4}{5}+\frac{5}{6}\times1\frac{8}{25}$$

❸ かけ算・わり算をする

$$=15\frac{9}{20}-13\frac{11}{20}+1\frac{1}{10}$$

❹ たし算・ひき算をする

$$=3$$

□をうめて，計算のしかたを覚えよう。

❶ ( )の中を計算すると，それぞれ

$8.75+2.09=$ ①□，$4.1-2.78=1.32$

❷ 小数を分数に直すと，それぞれ

$15.45=15\frac{9}{20}$，$10.84=10\frac{21}{25}$，$1.32=$ ②□

約分できるときは約分しておこう。

❸ かけ算とわり算をすると，それぞれ

$10\frac{21}{25}\div\frac{4}{5}=\frac{271}{25}\times$ ③□ $=\frac{271}{20}=$ ④□

$\frac{5}{6}\times$ ②□ $=\frac{5}{6}\times$ ⑤□ $=\frac{11}{10}=1\frac{1}{10}$

❹ たし算，ひき算をして，$15\frac{9}{20}-$ ④□ $+1\frac{1}{10}=14\frac{29}{20}-$ ④□ $+1\frac{2}{20}$

$=2\frac{20}{20}=$ ⑥□ になるから，答えは ⑥□ になります。

計算してみよう

／7個

1 計算をしなさい。

① $\left(\frac{1}{2}+0.25+\frac{1}{8}\right)\div\left(1-\frac{1}{3}-\frac{1}{9}-\frac{1}{27}\right)$

② $\left(1-\frac{1}{10}+\frac{1}{100}-\frac{1}{1000}\right)\div(1+0.1\times0.1)$

③ $\left(\frac{1}{3}-0.25+\frac{5}{6}\right)\times\left(\frac{7}{22}+\frac{7}{11}-\frac{7}{33}\right)\div14$

④ $\frac{5}{6}\times\left\{\left(1-\frac{2}{3}\right)\times0.75+3\frac{3}{4}\right\}-\frac{3}{4}\div\frac{9}{16}$

★

2 計算をしなさい。

① $\left(\frac{6}{7}-\frac{9}{35}\right)\times\left\{\left(\frac{1}{6}+6\frac{1}{18}\right)\div1.75-\frac{8}{9}\right\}\div4$

② $\left\{\frac{1}{0.001}+0.36\times1\frac{2}{3}-\left(1.25-13\div\frac{1}{0.05}\right)\right\}\times1.234$

③ $\left[3\div\left\{2\div\left(5\frac{1}{3}+2\frac{8}{15}\right)\right\}\times3.2\right]\div\left(\frac{4}{5}\times0.8\right)$

復習テスト (9)

1 計算をしなさい。（①～④1つ12点，⑤～⑧1つ13点）

① $(4-2\times3\div12)\times\left(2.75-\frac{5}{28}\right)$

② $50-5\times\left(1\frac{2}{5}+3\right)+1\div0.2$

③ $4\frac{2}{5}+\left(\frac{8}{15}-0.2\right)-\left(\frac{3}{8}\div1.5+\frac{2}{3}\right)$

④ $1-\left(\frac{1}{2}\div0.25-\frac{2}{3}\times\frac{4}{7}\right)\div2\frac{3}{7}$

⑤ $16\div\left\{\frac{4}{9}-1\frac{1}{3}\times0.25+\left(2\frac{1}{6}-0.5\right)\right\}$

⑥ $\frac{6}{71}\times\left(9.5-6\frac{1}{4}+2\frac{2}{3}\right)\div\left(3\frac{1}{2}+7\right)$

⑦ $3\frac{4}{7}\times\left(2\frac{2}{3}-\frac{4}{5}\right)-3.69\div12.3\times11\frac{1}{9}$

★⑧ $\frac{7}{80}\times\frac{36}{35}\div2.7+\left(4.1-\frac{11}{3}\right)\div\frac{26}{9}+\frac{1}{6}$

復習テスト(10)

時間 20分 【はやい15分・おそい25分】 合格 80点 得点 点

1 計算をしなさい。(①～④1つ12点，⑤～⑧1つ13点)

① $\left(2.5-\frac{2}{3}\right)\div\left(1+\frac{13}{15}\right)\times\left(1+\frac{5}{9}\right)$

② $19.6-\left\{12.2-\left(\frac{3}{5}+\frac{1}{3}\times2\right)\times6\right\}$

③ $2-\left\{1-\left(3\frac{1}{6}-2\frac{3}{4}\right)\times1.2\right\}\div0.375$

④ $\left(3.5+5\frac{1}{4}\right)\times\frac{5}{7}-\left(2.5-\frac{1}{4}\right)\div4\frac{1}{2}$

⑤ $\left[\left\{3.6-\left(3\frac{1}{3}-\frac{3}{4}\right)\right\}\div12\frac{1}{5}\right]\times\left(3\frac{1}{2}+0.5\right)$

★⑥ $\left(6.4\times0.15-\frac{18}{25}\right)\times5.5-0.24\times(8.19\div1.82)$

★⑦ $\left(\frac{3}{4}-\frac{1}{3}\right)\times2+4\frac{3}{5}\div13\frac{4}{5}-3\times0.25$

★⑧ $1+18\times\left(\frac{1}{13}-\frac{7}{234}\right)-\left(\frac{5}{312}+\frac{7}{936}\right)\div\frac{1}{72}$

整数・小数・分数の混合計算 (4)

$0.6\times\left\{75-\frac{3}{5}\times\left(1\frac{7}{10}\times20-5.4\div0.3\right)\div1\frac{11}{25}\right\}$ の計算

計算のしかた

$$0.6\times\left\{75-\frac{3}{5}\times\left(1\frac{7}{10}\times20-5.4\div0.3\right)\div1\frac{11}{25}\right\}$$

❶ （　）の中のかけ算・わり算をする

$$=0.6\times\left\{75-\frac{3}{5}\times(34-18)\div1\frac{11}{25}\right\}$$

❷ （　）の中のひき算をする

$$=0.6\times\left\{75-\frac{3}{5}\times16\div1\frac{11}{25}\right\}$$

❸ ｛　｝の中のかけ算・わり算をする

$$=0.6\times\left\{75-6\frac{2}{3}\right\}$$

❹ 小数を分数に直し，｛　｝の中のひき算をする

$$=\frac{3}{5}\times68\frac{1}{3}$$

❺ かけ算をする

$$=41$$

□をうめて，計算のしかたを覚えよう。

❶ （　）の中のかけ算・わり算をひき算より先にすると，それぞれ

$1\frac{7}{10}\times20=\frac{17}{10}\times\frac{20}{1}=$ ①□，$5.4\div0.3=$ ②□

❷ （　）の中のひき算をして，①□ − ②□ = ③□

❸ ｛　｝の中のかけ算・わり算をひき算より先にして，

$\frac{3}{5}\times$ ③□ $\div1\frac{11}{25}=\frac{3}{5}\times\frac{16}{1}\times$ ④□ $=\frac{20}{3}=$ ⑤□

❹ ｛　｝の中のひき算をして，$75-$ ⑤□ $=74\frac{3}{3}-$ ⑤□ = ⑥□

❺ かけ算をして，$\frac{3}{5}\times$ ⑥□ $=\frac{3}{5}\times\frac{205}{3}=$ ⑦□ になるから，

答えは ⑦□ になります。

計算してみよう

時間 20分【はやい15分・おそい25分】 正答 ／7個
合格 5個

1 計算をしなさい。

① $\left(\frac{1}{2}+\frac{1}{3}+\frac{1}{4}+\frac{1}{6}-\frac{1}{12}\right)\div\left(\frac{1}{3}+\frac{1}{4}+\frac{1}{6}+\frac{1}{8}\right)$

② $\left(0.5-\frac{1}{3}\right)\div\frac{5}{6}-\frac{1}{5}\div\left(3+\frac{1}{2}\right)\div\left(1-\frac{4}{7}\right)$

③ $2\frac{1}{4}\times5\div1.875-\left\{0.8\times\frac{5}{12}+\left(9-\frac{5}{6}\right)\div7\right\}$

④ $\left\{13-3\times\left(\frac{5}{6}+2\frac{1}{9}\right)\right\}\div3-\left(1\div3.6-\frac{1}{6}\right)$

★⑤ $1-\frac{1}{2}\times\left[2.75-\frac{2}{3}\times\left\{1.25+\left(0.75+\frac{1}{4}\right)\div\frac{2}{3}\right\}\right]$

★**2** 計算をしなさい。

① $\frac{2}{3}\div2\frac{2}{3}+2\times0.75+4\times\left(\frac{1}{6}\div\frac{1}{4}-\frac{2}{3}\right)-4\div3$

② $1\frac{2}{3}\div3\frac{1}{2}\div\left\{\frac{5}{6}-\left(\frac{1}{3}\times2\frac{1}{2}-\frac{2}{5}\right)\times\frac{6}{13}-\frac{1}{6}\right\}-\frac{6}{7}$

xの値を求める計算（1）

$45-(x-18)\times3=27$ のxの値(あたい)の求め方

計算のしかた

❶ $45-(x-18)\times3=27$ ←$45-■=27$ と考える
└ひとまとまりとみる

$(x-18)\times3=45-27$

❷ $(x-18)\times3=18$ ←$■\times3=18$ と考える
└ひとまとまりとみる

$x-18=18\div3$

$x-18=6$

❸ $x=6+18$

$x=24$

□をうめて，計算のしかたを覚えよう。

❶ $(x-18)\times3$ の式をひとまとまりとみて，
$(x-18)\times3=$ ① □ -27 として計算します。
$45-27=$ ② □ だから，
$(x-18)\times3=$ ② □ になります。

逆算を使ってxの値を求めよう。

❷ $(x-18)$ の式をひとまとまりとみて，
$x-18=18$ ③ □ 3 として計算します。
18 ③ □ $3=$ ④ □ だから，
$x-18=$ ④ □ になります。

❸ $x-18=$ ④ □ より，$x=6+18$ として計算すると，
$x=$ ⑤ □ になります。

覚えよう xをふくむ部分をひとまとまりとみて計算する。

計算してみよう

時間 20分
【はやい15分·おそい25分】
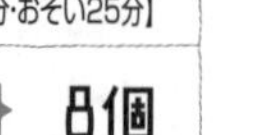
正答
合格 8個

1 x の値（あたい）を求めなさい。

① $(3\times x+4)\div 2=11$

② $4-2\times x+6=4$

③ $37-5\times(15-x)=17$

④ $324\div x\times 17-24=435$

★**2** x の値を求めなさい。

① $(46+x\div 3)\times 3.2=272$

② $1.8\times 0.05-0.75\times x=0.06$

③ $(0.23\times x+0.03)\div 0.4=11$

④ $48.45\div(x+2.3\times 0.6)=5.7$

⑤ $(0.675\div 0.25-x)\div 0.04=54$

⑥ $5206\times 31-377\times x=30$

復習テスト(11)

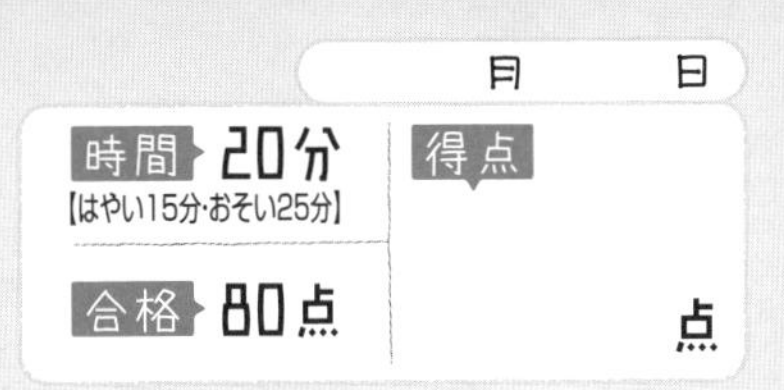

1 xの値(あたい)を求めなさい。(1つ10点)

① $(x-3)\times3\div2=48$

② $(x+8)\times9-30=78$

③ $30-\{10\div(5-x)\}=25$

④ $9-2\times x+1=4$

⑤ $(4\times x-12)\div3=4$

⑥ $24-5\times(7-x)=9$

★

2 計算をしなさい。(①②1つ13点，③14点)

① $\left(\frac{1}{2}-\frac{1}{3}\right)-\left(0.25-\frac{1}{5}\right)+\left(\frac{1}{3}-\frac{1}{4}\right)-\left(0.2-\frac{1}{6}\right)$

② $\left(\frac{5}{7}\times2\frac{1}{3}\times\frac{5}{6}-1\right)\div\left(1-0.875\times1.6\times\frac{3}{14}\right)$

③ $1.5\div0.03-8\times\left(4+\frac{1}{2}\right)-0.3\div\frac{1}{30}$

復習テスト(12)

時間 20分【はやい15分・おそい25分】 得点 点
合格 80点

1 xの値(あたい)を求めなさい。(1つ12点)

① $(9-x)\times3+5=20$

② $(x+12)\times9\div2=81$

③ $50-(48\div x+16)=26$

④ $7\times(22-x+16)=182$

⑤ $(395-x\times29)\div9=31$

⑥ $(1.5-1.1\times x)\div0.13=9$

★**2** 計算をしなさい。(1つ14点)

① $\left(3\frac{2}{5}-0.7\right)\times12\frac{1}{2}-13.5\times\left\{\frac{2}{9}\div\left(2.2-1\frac{2}{3}\right)+1.25\right\}$

② $\left(2+\frac{1}{2}\right)\div0.125+2-5\times\left(2-\frac{1}{2}-\frac{1}{3}-\frac{1}{6}\right)$

まとめテスト (5)

月　日

時間 25分【はやい20分・おそい30分】　得点

合格 80点　点

1 x の値(あたい)を求めなさい。（1つ10点）

① $(12+x)\times5\div9=10$

② $25-(18-x\times4)=15$

③ $91.8\div(x+1.6)\times2.4=7.2$

④ $5.6+2.75\div(x-3.12)=11.1$

2 計算をしなさい。（1つ10点）

① $(7\times18-135\div9)\div37$

② $46\times39+34\times78-38\times117$

③ $25.8-16.4\times0.75+3.125\div0.25$

④ $0.04\times25-0.2\times0.2\times8-0.08\div2\times7$

⑤ $\left(2\frac{1}{3}-\frac{5}{6}\right)\times\frac{2}{3}-2\frac{3}{7}\times\frac{7}{85}$

★⑥ $3.75-0.625\div\frac{2}{3}\times\frac{4}{9}\div0.125$

まとめテスト(6)

時間 25分【はやい20分・おそい30分】
合格 80点
得点　　点

1 x の値(あたい)を求めなさい。(1つ10点)

① $6\times9+x-5=99$

② $59-2\times(x\div3+4)=19$

③ $(4.2-1.6\times2\times x)\div0.4=9.7$

④ $0.4\times12\div(x\times3-1)=0.6$

2 計算をしなさい。(1つ10点)

① $(17-9)\div4+\{(17-5)\div3+2\}\times3$

② $19\times17+19\times13-9\times17-9\times13$

③ $1.5\times1.4-1.4\times1.3+1.3\times1.2-1.2\times1.1$

④ $12\times0.3-\{4\div5-(6-7\times0.8)\}$

⑤ $\left\{\left(1-\frac{17}{25}\right)\div0.125-2\right\}\times2\frac{1}{7}-1$

★⑥ $9.8\div2.8\times\left(1.25\times1\frac{1}{3}-3\frac{4}{7}\times0.32\right)$

月　日

xの値を求める計算 (2)

$(9-5)\times\{8\times(24-17)-x\}=152$ のxの値(あたい)の求め方

計算のしかた

❶ $(9-5)\times\{8\times(24-17)-x\}=152$

　（　）の中の計算をする

❷ $4\times\{8\times7-x\}=152$

　｛　｝の中のかけ算をする

❸ $4\times\{56-x\}=152$　←$4\times■=152$ と考える

　↑ひとまとまりとみる

$56-x=152\div4$

$56-x=38$

❹ $x=56-38$

$x=18$

□をうめて，計算のしかたを覚えよう。

❶（　）の中の計算をすると，それぞれ $9-5=$ ①□，$24-17=$ ②□ になります。

❷｛　｝の中のかけ算をひき算より先にして，$8\times$ ②□ $=56$ になります。

❸ $\{56-x\}$ の式をひとまとまりとみて，

$56-x=152$ ③□ 4 として計算します。

152 ③□ $4=$ ④□ だから，

$56-x=$ ④□ になります。

❹ $56-x=$ ④□ より，$x=56-$ ④□ として計算すると，$x=$ ⑤□ になります。

覚えよう　計算できる部分があれば，先に計算して，簡単(かんたん)な式に直してからxの値を求めます。

計算してみよう

合格 8個

1 x の値(あたい)を求めなさい。

① $(9-x)\times7-2\times9=3$

② $20-2\times(5-x\div4)=14$

③ $29-3\times(x-16)\div5=14$

④ $5+(22-x)\div2\times3=20$

⑤ $13+4\times(20-18\div x)=81$

⑥ $(13\div x+10\times2)\div5=7.12$

⑦ $8-2\times(x-1.3\times2)=5.2$

⑧ $400-(x\times26+19\times2)=50$

★⑨ $(7+77+777)\div(7+7\times7+x)=7$

★⑩ $\{48\div(x+34)-0.25\}\div0.585\times2.34\div2=1$

xの値を求める計算 (3)

月　日

$1\frac{1}{3}\times\left(x-\frac{1}{3}\right)\div\frac{5}{12}=2\frac{2}{3}$ のxの値(あたい)の求め方

計算のしかた

❶ $1\frac{1}{3}\times\left(x-\frac{1}{3}\right)\div\frac{5}{12}=2\frac{2}{3}$ ←$1\frac{1}{3}\times■\div\frac{5}{12}=2\frac{2}{3}$ と考える

└ひとまとまりとみる

$x-\frac{1}{3}=2\frac{2}{3}\div1\frac{1}{3}\times\frac{5}{12}$

❷ $x-\frac{1}{3}=\frac{5}{6}$

$x=\frac{5}{6}+\frac{1}{3}$

$x=1\frac{1}{6}$

□をうめて，計算のしかたを覚えよう。

❶ $\left(x-\frac{1}{3}\right)$ の式をひとまとまりとみて，

$x-\frac{1}{3}=2\frac{2}{3}$ ①□ $1\frac{1}{3}$ ②□ $\frac{5}{12}$ として計算します。

$2\frac{2}{3}$ ①□ $1\frac{1}{3}$ ②□ $\frac{5}{12}=\frac{8}{3}\times\frac{3}{4}\times\frac{5}{12}=$ ③□ だから，

$x-\frac{1}{3}=$ ③□ になります。

❷ $x=$ ③□ $+\frac{1}{3}=\frac{5}{6}+\frac{2}{6}=\frac{7}{6}=$ ④□ だから，

$x=$ ④□ になります。

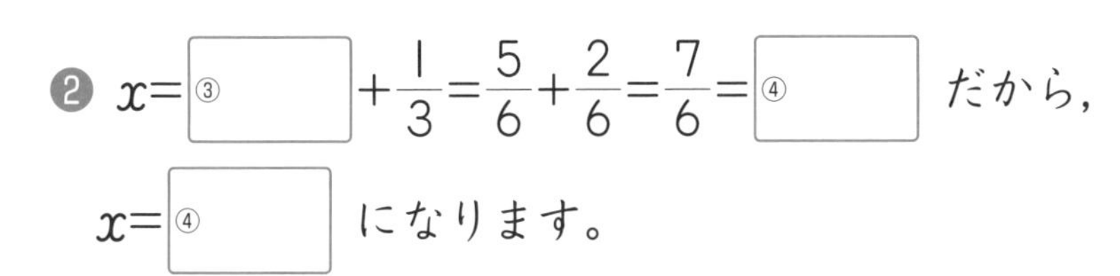

覚えよう 整数のときと同じように，xをふくむ部分をひとまとまりとみて計算する。

計算してみよう

時間 20分【はやい15分・おそい25分】 正答

合格 6個 ／8個

1 x の値(あたい)を求めなさい。

① $\left(\frac{1}{2}-\frac{1}{3}\right)\div\left(x-\frac{1}{3}\right)=\frac{1}{7}$

② $(28+x)\times\frac{1}{3}\div\frac{5}{6}=12$

③ $10-\left(x+1\frac{3}{5}\div\frac{4}{7}\right)=2\frac{1}{5}$

④ $\left(3\frac{1}{6}-\frac{1}{2}\right)\times\frac{3}{4}\div x=\frac{4}{5}$

⑤ $1\frac{4}{5}\div\left(x-\frac{1}{6}\times\frac{3}{5}\right)=3$

⑥ $\left(3\frac{3}{5}-x\right)\times\left(\frac{3}{4}-\frac{9}{22}\right)=1$

★⑦ $3\frac{1}{3}\times\frac{3}{4}\div\left(2\frac{5}{6}-x\right)=1\frac{1}{5}$

★⑧ $\frac{1}{10\times11}+\frac{1}{11\times12}+\frac{1}{12\times13}+\frac{1}{13\times14}=\frac{1}{x}$

複習テスト(13)

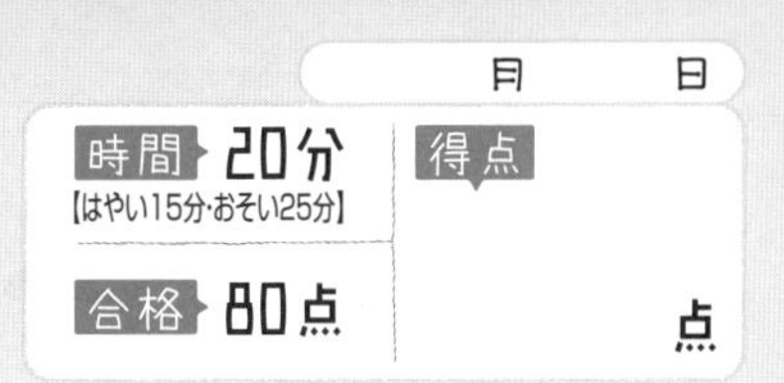

1 xの値(あたい)を求めなさい。(①～④1つ12点，⑤～⑧1つ13点)

① $\{15-3\times(x-1)\}\times4=24$

② $36\div(5\times x-9)+2=8$

③ $\{(x+22)\div5-15\}\times7=70$

④ $25+2\times x-45\div3=50$

⑤ $6\times\left(1\frac{1}{2}-x\div4\right)=8$

⑥ $1\div\left(\frac{5}{6}-\frac{3}{4}\right)\div x=\frac{1}{12}$

⑦ $\left(56-x\times1\frac{1}{2}\right)\div1\frac{3}{5}=20$

⑧ $\left\{\left(x+6\frac{1}{2}\right)\div\frac{1}{2}\right\}\times3=111$

復習テスト(14)

時間 20分 【はやい15分・おそい25分】
合格 80点
得点 点

1 xの値(あたい)を求めなさい。(①~④1つ12点，⑤~⑧1つ13点)

① $\left(x-\frac{1}{3}\right)\times\frac{4}{7}+\frac{3}{4}=1\frac{1}{12}$

② $39\div3\div\left(x-1\frac{1}{3}\right)=6$

③ $8+1\frac{1}{5}\div(1-x)=11$

④ $2\frac{1}{9}-\left(3\frac{1}{15}+x\right)\div8\frac{1}{5}=1$

⑤ $32-2\times(x\times8-6)=12$

⑥ $115-(216\div27+x\times13)=42$

⑦ $4\times(25\times9\div x-13\times3)=24$

★⑧ $2\times\{1.5+5\times(1-x)\}-(2-0.8)\div1.5=8.2$

月　日

27日 xの値を求める計算 (4)

$1.75\div8\frac{1}{6}+x\times1.2=\frac{1}{2}$ のxの値(あたい)の求め方

計算のしかた

❶ $1.75\div8\frac{1}{6}+x\times1.2=\frac{1}{2}$

小数を分数に直す

❷ $1\frac{3}{4}\div8\frac{1}{6}+x\times1\frac{1}{5}=\frac{1}{2}$

わり算を先にしておく

❸ $\frac{3}{14}+x\times1\frac{1}{5}=\frac{1}{2}$

ひとまとまりとみる

$\frac{3}{14}+■=\frac{1}{2}\rightarrow■=\frac{1}{2}-\frac{3}{14}$

❹ $x\times1\frac{1}{5}=\frac{2}{7}$

$x=\frac{5}{21}$

□をうめて，計算のしかたを覚えよう。

❶ 小数を分数に直すと，$1.75=$ ①□，$1.2=1\frac{1}{5}$

❷ 計算できる部分を先に計算して，①□ $\div8\frac{1}{6}=\frac{7}{4}\times\frac{6}{49}=$ ②□

❸ $x\times1\frac{1}{5}$ の式をひとまとまりとみて，$x\times1\frac{1}{5}=\frac{1}{2}-$ ②□ として計算します。

$\frac{1}{2}-$ ②□ $=\frac{7}{14}-$ ②□ $=\frac{4}{14}=$ ③□ だから，

$x\times1\frac{1}{5}=$ ③□ になります。

❹ $x=$ ③□ $\div1\frac{1}{5}=\frac{2}{7}\times\frac{5}{6}=$ ④□ だから，

$x=$ ④□ になります。

計算してみよう

合格 6個

正答

1 x の値（あたい）を求めなさい。

① $\left(x+\frac{1}{6}\right)\div\frac{2}{3}+0.25=\frac{7}{8}$

② $1-(0.4-x)\div1\frac{1}{2}=\frac{4}{5}$

③ $\left(\frac{2}{3}-x\times\frac{5}{4}\right)\div2\frac{1}{12}=0.02$

④ $\left(x\times\frac{3}{5}+0.4\right)\times1\frac{2}{3}=1$

⑤ $\left(\frac{25}{3}+0.75\right)\times x\div8=\frac{109}{216}$

⑥ $(38+x\div5)\times\frac{3}{2}=60.3$

★⑦ $\left(3\frac{5}{6}-x+1\frac{7}{15}\right)\div1\frac{14}{15}=1.5$

★⑧ $2.5\times x+3\frac{3}{4}\times2.5=12.5$

xの値を求める計算 (5)

$\left\{(x+7)-1\frac{1}{2}\times6\right\}\div0.125=24$ のxの値(あたい)の求め方

計算のしかた

❶ $\left\{(x+7)-1\frac{1}{2}\times6\right\}\div0.125=24$

小数を分数に直し，｛　｝の中のかけ算をする

❷ $\{(x+7)-9\}\div\frac{1}{8}=24$

ひとまとまりとみる

$■\div\frac{1}{8}=24\rightarrow■=24\times\frac{1}{8}$

❸ $(x+7)-9=3$

ひとまとまりとみる

$■-9=3\rightarrow■=3+9$

❹ $x+7=12$

$x=5$

□をうめて，計算のしかたを覚えよう。

❶ 小数を分数に直すと，$0.125=$ ①□

｛　｝の中のかけ算をして，$1\frac{1}{2}\times6=\frac{3}{2}\times6=$ ②□

❷ $\{(x+7)-$ ②□$\}$ の式をひとまとまりとみて，

$(x+7)-$ ②□ $=24\times$ ①□ として計算します。

$24\times$ ①□ $=3$ だから，$(x+7)-$ ②□ $=3$ になります。

❸ $(x+7)$ の式をひとまとまりとみて，$x+7=3+$ ②□ として計算します。

$3+9=$ ③□ だから，$x+7=$ ③□ になります。

❹ $x=12-7=$ ④□ だから，$x=$ ④□ になります。

覚えよう　計算できる部分があれば，先に計算して，簡単(かんたん)な式に直してからxの値を求めます。

計算してみよう

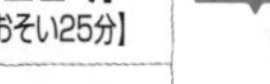

時間 20分【はやい15分・おそい25分】 合格 5個 正答 ／7個

1 x の値（あたい）を求めなさい。

① $\frac{1}{3}\times(x-0.6)-1\frac{3}{5}\div2=1$

② $\left(2\frac{1}{3}\times x-1\frac{1}{2}\times\frac{1}{3}\right)\div1\frac{2}{5}=0.1$

③ $2\frac{3}{4}\times1.6-\left(4\frac{1}{10}-x\right)\div\frac{2}{3}=1\frac{5}{6}$

④ $0.24\div\left(x-7.2\times1\frac{1}{4}\right)-\frac{1}{50}=\frac{1}{50}$

★ **2** x の値を求めなさい。

① $1\frac{2}{3}\div x-6\times\left(\frac{1}{2}-\frac{1}{3}\right)\div2=0.5$

② $\left\{\left(1-\frac{17}{25}\right)\div0.125-x\right\}\times2\frac{1}{7}-1=\frac{1}{5}$

③ $2\frac{2}{5}+3.9+1\frac{1}{6}-\left(5\frac{1}{2}\div x-6\frac{2}{3}\right)\times1\frac{1}{8}=5\frac{1}{15}$

復習テスト(15)

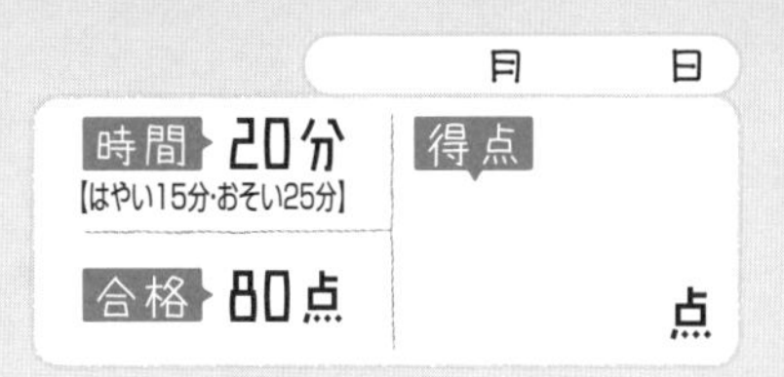

1 xの値(あたい)を求めなさい。(①〜④1つ12点，⑤〜⑧1つ13点)

① $\left(\frac{1}{3}+0.4\right)\times x-8=3$

② $\left(13.5-x\times\frac{1}{2}\right)\div1\frac{2}{7}=7$

③ $(1.25-x)\times\frac{2}{3}+\frac{1}{4}=\frac{7}{12}$

④ $2\frac{3}{8}+\left(3.9-4\frac{1}{2}\div x\right)=4\frac{31}{40}$

⑤ $(11+9)\div\frac{2}{3}-3.8\times x=11$

⑥ $1.8\times1\frac{2}{3}-\left(x-\frac{3}{4}\right)\div\frac{1}{2}=\frac{17}{6}$

★⑦ $\left(3\frac{9}{10}+7\frac{3}{4}-9\frac{3}{8}\right)\div x+\frac{2}{5}=\frac{39}{80}$

★⑧ $4\frac{6}{7}-\left(x-2\frac{3}{7}\div3\frac{9}{14}\right)\div1\frac{1}{6}=2$

復習テスト(16)

時間 20分【はやい15分・おそい25分】
合格 80点
得点　　点

1 x の値(あたい)を求めなさい。(1つ13点)

① $1.34 \div \left(1\frac{7}{25}+1.4\right) \div x = \frac{4}{7}$

② $\frac{7}{13} \times \left(3.7+2\frac{3}{7}-x\right) = 2\frac{12}{13}$

③ $\left\{65-\left(\frac{1}{2}-x\right) \div \frac{5}{6}\right\} \times \frac{5}{4} = 81$

★④ $\left(\frac{182}{390}+\frac{2310}{1386}-\frac{12}{x}\right) \times \left(\frac{286}{154}+\frac{504}{294}\right) = \frac{20}{3}$

2 x の値を求めなさい。(1つ16点)

① $\left(4 \times 1\frac{1}{5}-2 \div 3\frac{1}{3}\right) \times x + \frac{2}{5} = 2\frac{1}{2}$

★② $\left[x-\left\{\frac{1}{4}+\left(\frac{3}{5} \div 0.12+6\frac{1}{12}\right)\right\}\right] \times 4\frac{1}{3} = 13$

★③ $7.8 \div \left\{2\frac{2}{3} \times \left(1\frac{5}{8}+x\right)-1.1\right\} - \frac{2}{15} \div \frac{2}{3} = 1\frac{4}{5}$

まとめテスト(7)

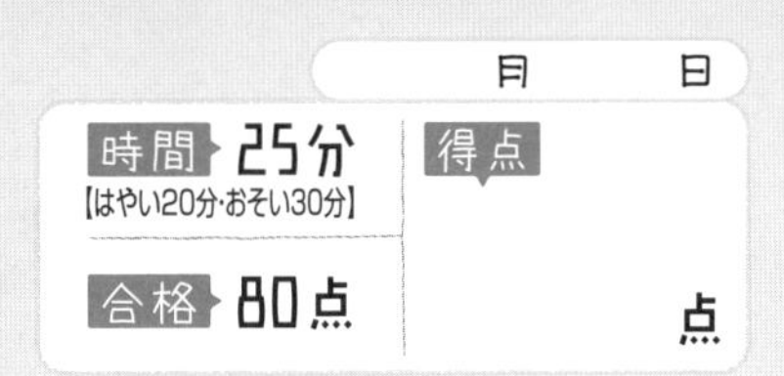

1 計算をしなさい。(1つ10点)

① $107-\{56-3\times(24-9)\}\times8$

② $[38.38-\{49.49-(27.27-2.72)\}]\div4.2$

③ $\left(\frac{3}{5}+\frac{2}{3}\right)\div\left(\frac{3}{4}-\frac{1}{6}\right)\times1\frac{6}{19}$

2 計算をしなさい。(1つ14点)

① $153\times0.3+37\times0.3-90\times0.3$

② $\frac{4}{7}\times9\frac{1}{10}-\frac{4}{5}\div\left(\frac{1}{3}+\frac{1}{9}\right)$

③ $\left\{\left(1.25-\frac{1}{2}\right)\div1.2-\frac{5}{12}\right\}\times4\frac{4}{5}$

★**3** xの値(あたい)を求めなさい。(1つ14点)

① $34-(90\div x+8\times2)=3$

② $\left(\frac{5}{7}\div x-1\right)\times1\frac{5}{19}=\frac{12}{133}$

まとめテスト(8)

時間 25分 【はやい20分・おそい30分】 合格 80点 得点 点

1 計算をしなさい。(1つ11点)

① $[28-\{14+75\div25-(7\times2-4)\}\div7]\div9$

② $(4-0.02)\times0.5-(0.7\times0.7+0.27)$

③ $\frac{52}{67}\times\frac{13}{14}-\frac{52}{67}\div3\frac{1}{9}+\frac{52}{67}\times\frac{25}{84}+\frac{52}{67}\div1\frac{13}{29}$

★④ $7.5\times\left(\frac{5}{8}-0.25\right)\times1\frac{3}{5}\div\left(2\frac{1}{4}-1\frac{3}{4}\right)$

★⑤ $1\div\left(5\frac{1}{6}-3\frac{4}{15}-1.6\right)\div\left(14\frac{1}{16}-1\frac{7}{8}-8.75\right)$

2 x の値(あたい)を求めなさい。(1つ15点)

① $6\div0.2-2\times x\div5\times10=20$

② $1.2\times0.2\div2.4-0.1\times x=0.08$

③ $x\div\left(\frac{5}{6}-\frac{3}{4}\right)-\left(\frac{2}{3}-\frac{1}{2}\right)\times\frac{1}{3}=\frac{71}{18}$

中学入試 模擬テスト

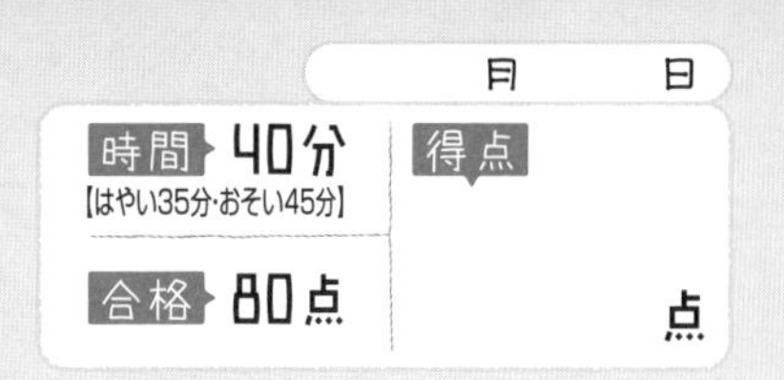

1 計算をしなさい。（1つ4点）

① $108-8\times13+(216-129)\div3$

② $35+\{172-2\times(49-35)\}\div25$

③ $\frac{3}{22}+1\frac{1}{4}\div2\frac{7}{24}-\frac{9}{11}\times\frac{1}{3}$

④ $1\frac{7}{24}\div\left(4.15-\frac{7}{4}\right)-\frac{5}{8}\times\frac{5}{12}$

2 xの値（あたい）を求めなさい。（1つ5点）

① $(1+2-3\times4\div x)\times5-6+7=8.9+1\frac{1}{10}$

② $1.7-[6.8-\{7.2-(8.5-6.8)\}-(3.3-x)]=0.7$

③ $0.2\times\left(4\frac{2}{3}+x\right)-\frac{4}{5}=0.8$

★④ $\left(3\frac{1}{2}-x\times2\frac{3}{5}\right)\div0.75-1\frac{2}{3}=1\frac{2}{3}$

★
3 計算をしなさい。(1つ8点)

① $64\times51-96\times34$

② $[\{(50-6\times7)\div16+(16+6\times4)\div8\}-0.5]\times6$

③ $316\times3.21+3.16\times123-41.9\times31.6$

④ $\frac{1}{1\times2\times3}+\frac{2}{2\times3\times4}+\frac{3}{3\times4\times5}$

⑤ $\left(21\frac{10}{23}-20\frac{13}{24}\right)\div2\frac{1}{8}\times\left(\frac{14}{29}-\frac{1}{30}\right)\times2\frac{11}{17}$

⑥ $\left[2\frac{8}{21}\times\left\{4\frac{1}{3}\div\left(3\frac{1}{3}\times1\frac{6}{7}\right)-\frac{3}{5}\right\}-\frac{3}{14}\right]\div\frac{5}{21}$

⑦ $\left\{\left(1+\frac{1}{100}+\frac{1}{10000}\right)-(0.01+0.0001+0.000001)\right\}\times\frac{1}{9}\div\frac{1}{100}\div\frac{1}{10000}$

⑧ $\left(\frac{1}{18}-\frac{7}{33}\div4\frac{2}{3}\right)\div\left(0.25\times\frac{1}{11}-0.2\div9\right)$

解答　計算 1級

●1ページ

1 ①$\frac{4}{5}$　②$4\frac{1}{8}$　③2　④$7\frac{1}{11}$　⑤70　⑥$\frac{8}{9}$

チェックポイント　小数と分数の混じった式では，ふつう小数を分数に直して計算します。たし算・ひき算，かけ算・わり算の混じった式では，かけ算・わり算を先に，(　)のある式では，(　)の中を先に計算します。

計算のしかた

⑤$\left(3\frac{1}{5}-1.8\right)\div0.02=\left(3\frac{1}{5}-1\frac{4}{5}\right)\div\frac{1}{50}$

$=1\frac{2}{5}\div\frac{1}{50}=\frac{7\times\overset{10}{\cancel{50}}}{\underset{1}{\cancel{5}}\times1}=70$

2 ①$\frac{1}{6}$　②$\frac{3}{5}$　③2　④$\frac{3}{8}$

チェックポイント　計算の順序を逆に行うことから，xの値(あたい)を求めます。

計算のしかた

③$\left(x+1\frac{1}{3}\right)\div\frac{5}{6}=4$　$x+1\frac{1}{3}=4\times\frac{5}{6}$

$x+1\frac{1}{3}=\frac{10}{3}$　$x=\frac{10}{3}-1\frac{1}{3}=2$

●2ページ

1 ①$2\frac{2}{15}$　②$1\frac{29}{60}$　③$\frac{1}{7}$　④$\frac{1}{10}$

チェックポイント　(　)のある式は，(　)の中を先に計算します。

2 ①$\frac{37}{42}$　②$\frac{14}{17}$　③$1\frac{1}{2}$　④$\frac{29}{30}$　⑤$1\frac{1}{2}$　⑥$3\frac{17}{20}$

チェックポイント　分数の式のかけ算・わり算をするときは，帯分数は仮分数に直します。小数を分数に直す方法も確かめておきましょう。

●3ページ

1 ①$2\frac{3}{4}$　②1　③$2\frac{1}{6}$　④$1\frac{1}{4}$　⑤1　⑥$\frac{3}{4}$

チェックポイント　分数のたし算・ひき算の式は，分母を通分して計算します。答えが約分できるときは，約分します。

$0.5=\frac{1}{2}$，$0.75=\frac{3}{4}$　などの関係は覚えておきましょう。

計算のしかた

⑥$1.5\div2\frac{2}{3}\div0.75=1\frac{1}{2}\div2\frac{2}{3}\div\frac{3}{4}$

$=\frac{3\times\overset{1}{\cancel{3}}\times\overset{1}{\cancel{4}}}{2\times\underset{2}{\cancel{8}}\times\underset{1}{\cancel{3}}}=\frac{3}{4}$

2 ①3　②20　③$\frac{1}{5}$　④2

チェックポイント　比の計算では，(内項(ないこう)の積)＝(外項(がいこう)の積) の関係を使って，xの値(あたい)を求めます。

計算のしかた

①$2.6:3.9=2:x$　$2.6\times x=3.9\times2$

$2.6\times x=7.8$　$x=7.8\div2.6=3$

●4ページ

1 ①$\frac{7}{24}$　②$7\frac{1}{8}$　③$\frac{1}{2}$　④$1\frac{1}{4}$

2 ①$2\frac{46}{105}$　②$\frac{3}{5}$　③$\frac{1}{9}$　④$\frac{11}{30}$　⑤$\frac{23}{28}$　⑥14

●5ページ

□内　①108　②20　③180　④36　⑤29

●6ページ

1 ①67 ②19 ③194 ④19

チェックポイント たし算・ひき算・かけ算・わり算の混じった式では，かけ算・わり算を先に計算します。また，( )のある式では，( )の中を先に計算します。

計算のしかた

②28−12÷(6−2)×3=28−12÷4×3
=28−9=19

③200−150÷(18+42÷6)
=200−150÷(18+7)=200−150÷25
=200−6=194

2 ①1 ②101 ③18 ④20 ⑤6240 ⑥667

チェックポイント ⑤，⑥のような複雑な計算が出てきたときは，共通な数でまとめられないか考えてみます。⑤では，78=39×2 より，39 が共通な数になります。

計算のしかた

②1111÷{(111÷3+2)÷3−2}
=1111÷{(37+2)÷3−2}
=1111÷(39÷3−2)=1111÷11=101

④4+49÷7×8−59+19
=4+7×8−59+19=4+56−59+19=20

⑤78×73+67×78−120×39
=39×2×73+67×39×2−120×39
=39×(2×73+67×2−120)
=39×(146+134−120)=39×160
=6240

⑥2668×13−1334×12−667×27
=667×4×13−667×2×12−667×27
=667×(52−24−27)=667×1=667

●7ページ

□内 ①5 ②18 ③10 ④3 ⑤7 ⑥42 ⑦8

●8ページ

1 ①4 ②77 ③98 ④72 ⑤104 ⑥71 ⑦49 ⑧183 ⑨36 ⑩2

チェックポイント ( )と{ }のある式では( )の中を先に計算します。

計算のしかた

③195÷{(41−38)×5}+(71−54)×5
=195÷(3×5)+17×5
=195÷15+85=13+85=98

⑥15+{30×(17−9)÷5+16÷4×2}
=15+(30×8÷5+4×2)
=15+(48+8)=15+56=71

⑦(12+3×4)+5×{67−(8+9)}÷10
=(12+12)+5×(67−17)÷10
=24+5×50÷10=24+25=49

⑧176−15×6+{43×7−(103−53)÷5}÷3
=176−15×6+(43×7−50÷5)÷3
=176−15×6+(301−10)÷3
=176−15×6+291÷3
=176−90+97=183

⑨{(39−14)×12−(45+15)×2}
÷(9+3×4−16)=(25×12−60×2)
÷(9+12−16)=(25×12−60×2)÷5
=(300−120)÷5=180÷5=36

⑩9÷3−{6×(8+4×3)÷5−5×4}÷4
=3−(6×20÷5−20)÷4
=3−(24−20)÷4=3−4÷4=2

●9ページ

1 ①9 ②88 ③121 ④1111092

計算のしかた

④7+97+997+9997+99997+999997
=(10−3)+(100−3)+(1000−3)
+(10000−3)+(100000−3)
+(1000000−3)
=1111110−18=1111092

2 ①261 ②82 ③33 ④18 ⑤4 ⑥5

計算のしかた

⑥10−3+6−5+8−7+4−1+2−9
=10+6+8+4+2−(3+5+7+1+9)
=30−25=5

別解 10−3+6−5+8−7+4−1+2−9
=(10−9)+(8−7)+(6−5)+(4−3)
+(2−1)

$=1\times5=5$

●10 ページ

1 ①26　②90　③7.5　④123　⑤12
⑥176　⑦22　⑧4200　⑨1196
⑩5880

チェックポイント　計算のしかたをくふうすることで，短い時間で解けるものもあります。

計算のしかた

③$(77\times\underline{15}-18\times\underline{15}-32\times\underline{15})\div54$
$=\underline{15}\times(77-18-32)\div54$
$=15\times27\div54=15\times0.5=7.5$

⑧$8\times\underline{7\times6\times5\times4}-\underline{7\times6\times5\times4}\times3$
$=\underline{7\times6\times5\times4}\times(8-3)$
$=7\times6\times5\times4\times5=7\times30\times20=4200$

⑩$10\times9\times8\times\underline{7\times6}-9\times8\times\underline{7\times6}\times5-8\times\underline{7\times6}\times5\times4-\underline{7\times6}\times5\times4\times3$
$=7\times6\times(10\times9\times8-9\times8\times5-8\times5\times4-5\times4\times3)$
$=42\times(720-360-160-60)=42\times140$
$=5880$

●11 ページ

□内　①1.2　②0.6　③6.2　④7

●12 ページ

1 ①71　②132　③42　④5　⑤33.3
⑥388.04　⑦0.01　⑧17.725
⑨5432.1　⑩1.37

チェックポイント　小数の計算でも，整数の計算と同じように，(　)の中，かけ算・わり算，たし算・ひき算の順に計算します。

計算のしかた

②$(0.33\times22+0.22\times33)\div0.11$
$=0.33\times22\div0.11+0.22\times33\div0.11$
$=3\times22+2\times33=66+66=132$

③$(8.5\times\underline{2.5}-4.3\times\underline{2.5})\times4$
$=(8.5-4.3)\times\underline{2.5}\times4$
$=4.2\times10=42$

④$(9.73-3.8+0.23\times4)\div1.37$
$=(9.73-3.8+0.92)\div1.37$
$=6.85\div1.37=5$

⑦$1\div0.1\times0.01\div0.001\times0.0001$
$=10\times0.01\div0.001\times0.0001$
$=0.1\div0.001\times0.0001=100\times0.0001$
$=0.01$

別解　$1\div\underline{0.1\div0.001\times0.0001}\times0.01$
$=1\times\underline{1}\times0.01=0.01$

⑧$0.789\div0.03-(1.1+0.125)\times7$
$=0.789\div0.03-1.225\times7=26.3-8.575$
$=17.725$

⑨$0.002\times0.625\times54321\times1.6\times50$
$=0.00125\times54321\times80=0.1\times54321$
$=5432.1$

⑩$0.28\div0.25\times1.37\times0.0625\div0.07$
$=0.28\div0.07\times0.0625\div0.25\times1.37$
$=4\times0.25\times1.37=1\times1.37=1.37$

●13 ページ

□内　①2.25　②3.825　③0.425
④3.25　⑤1

●14 ページ

1 ①5.1　②1.2　③7.57　④4.4
⑤18.97　⑥13　⑦1　⑧10　⑨10.2
⑩7.8

チェックポイント　小数の数が多くなっても，順序どおりに計算していきます。同じ数でまとめることができたり，くふうして計算するものもあります。

計算のしかた

②$54\times\underline{0.12}-18\times\underline{0.12}-26\times\underline{0.12}$
$=\underline{0.12}\times(54-18-26)=0.12\times10=1.2$

④$1.1\times13+2.2\times12-3.3\times11$
$=\underline{1.1}\times13+\underline{1.1}\times2\times12-\underline{1.1}\times3\times11$
$=\underline{1.1}\times(13+24-33)$
$=1.1\times4=4.4$

⑥$(0.15\times5+10.4\div0.26)\times3-109.25$
$=(0.75+40)\times3-109.25$
$=40.75\times3-109.25=122.25-109.25$
$=13$

⑦$0.625\times8-44\div(21\div7+0.16\times50)$

$=5-44\div(3+8)=5-44\div11=5-4=1$

⑨ $0.2\times(1+0.02-0.02\times0.02)\div0.02+0.2\times0.02$

$=0.2\times1.0196\div0.02+0.2\times0.02$

$=10.196+0.004=10.2$

別解 $0.2\times(1+0.02-0.02\times0.02)\div0.02+0.2\times0.02$

$=0.2\times(1\div0.02+0.02\div0.02-0.02\times0.02\div0.02)+0.2\times0.02$

$=0.2\times(50+1-0.02)+0.2\times0.02$

$=0.2\times(51-0.02+0.02)$

$=0.2\times51=10.2$

⑩ $\{(3.14-1.22\times2)\times2+22.5\div3\}-(2.6\times0.5+2)\div3$

$=(0.7\times2+7.5)-3.3\div3=8.9-1.1=7.8$

●15 ページ

1 ① 2.368 ② 10 ③ 1 ④ 3.105 ⑤ 1981

計算のしかた

③ $(1.75\times1.75-1.25\times1.25)\times0.7-0.05$

$=0.25\times0.25\times(7\times7-5\times5)\times0.7-0.05$

$=0.25\times0.25\times24\times0.7-0.05$

$=0.25\times6\times0.7-0.05=0.25\times4.2-0.05$

$=1.05-0.05=1$

別解 分数に直して計算することもできます。

$(1.75\times1.75-1.25\times1.25)\times0.7-0.05$

$=\left(1\frac{3}{4}\times1\frac{3}{4}-1\frac{1}{4}\times1\frac{1}{4}\right)\times\frac{7}{10}-\frac{1}{20}$

$=\left(\frac{49}{16}-\frac{25}{16}\right)\times\frac{7}{10}-\frac{1}{20}=\frac{3}{2}\times\frac{7}{10}-\frac{1}{20}$

$=\frac{21}{20}-\frac{1}{20}=1$

⑤ $283\times(35.7-28.7\times1.2)\div0.18$

$=283\times(35.7-34.44)\div0.18$

$=283\times1.26\div0.18=283\times7=1981$

2 ① 1 ② 35 ③ 12.56 ④ 1.1 ⑤ 32.64

計算のしかた

③ $314\div3.2\times0.64-15.7\div0.25\div1.25$

$=314\times0.64\div3.2-62.8\div1.25$

$=314\times0.2-50.24=62.8-50.24$

$=12.56$

別解 $314\div3.2\times0.64-15.7\div0.25\div1.25$

$=15.7\times20\div3.2\times0.64-15.7\times4\div1.25$

$=15.7\times20\times0.2-15.7\times3.2$

$=15.7\times(4-3.2)=15.7\times0.8=12.56$

●16 ページ

1 ① 12.12 ② 0.06 ③ 40 ④ 7.3

計算のしかた

③ $(80\times0.4+3.6)\div(1.2-0.31)$

$=(32+3.6)\div0.89=35.6\div0.89=40$

④ $7.317-6.038+8.009-0.334-1.654$

$=7.317+8.009-6.038-0.334-1.654$

$=15.326-8.026=7.3$

2 ① 6.2 ② 5.56 ③ 21 ④ 3.5 ⑤ 2.4 ⑥ 10

計算のしかた

① $1.24\times3.2-1.24\times0.8+1.24\times2.6$

$=1.24\times(3.2-0.8+2.6)=1.24\times5=6.2$

③ $(43.263-9.368+58.96-5.075)\div4.18$

$=(43.263+58.96-9.368-5.075)\div4.18$

$=(102.223-14.443)\div4.18$

$=87.78\div4.18=21$

⑤ $8\times7.85+2\times3.14\times4-106.9\times0.8$

$=8\times7.85+8\times3.14-8\times0.1\times106.9$

$=8\times(7.85+3.14-10.69)$

$=8\times0.3=2.4$

●17 ページ

1 ① 1100 ② 2 ③ 199 ④ 8 ⑤ 6.08

2 ① 59 ② 1 ③ 10.21 ④ 8.3 ⑤ 3571.2

計算のしかた

① $56+\{42\div7-(60-16\times3)\div4\}$

$=56+\{6-(60-48)\div4\}$

$=56+(6-12\div4)=56+(6-3)=59$

③ $0.2\times1.1\times0.5+0.1\div0.01\times1.01$

$=0.22\times0.5+10\times1.01$

$=0.11+10.1=10.21$

⑤ $78.9\times67.8-56.7\times45.6+34.5\times23.4$

$=9\times(26.3\times22.6-18.9\times15.2+11.5\times7.8)$

$=9\times(594.38-287.28+89.7)$
$=9\times396.8=3571.2$

●18ページ

1 ①7　②31　③154　④1　⑤0.1

2 ①16　②6　③3.49　④1.5　⑤20

●19ページ

□内　① $\frac{1}{12}$　② $16\frac{4}{5}$　③ $\frac{12}{5}$　④3　⑤ $13\frac{4}{5}$

●20ページ

1 ① $\frac{1}{20}$　② $\frac{6}{35}$　③ $\frac{1}{3}$　④ $4\frac{3}{7}$　⑤ $8\frac{39}{100}$　⑥ $1\frac{1}{8}$　⑦1　⑧486

チェックポイント　計算をする順序は，かけ算・わり算をたし算・ひき算より先にします。{　}，(　)があるときには，(　)の中から先に計算します。

計算のしかた

② $\frac{9}{10}\div\frac{7}{8}\times\left\{\left(\frac{5}{6}-\frac{3}{4}\right)\div\frac{1}{2}\right\}$

$=\frac{9}{10}\div\frac{7}{8}\times\left(\frac{1}{12}\div\frac{1}{2}\right)$

$=\frac{9}{10}\div\frac{7}{8}\times\frac{1}{6}=\frac{9\times8\times1}{10\times7\times6}=\frac{6}{35}$

⑤ $3\frac{3}{4}\times2\frac{1}{3}-\frac{3}{4}\times\frac{2}{5}\div\frac{5}{6}$

$=\frac{15\times7}{4\times3}-\frac{3\times2\times6}{4\times5\times5}=\frac{35}{4}-\frac{9}{25}$

$=8\frac{75}{100}-\frac{36}{100}=8\frac{39}{100}$

⑦ $\frac{13}{36}+2\frac{1}{3}\div1\frac{1}{3}-5\frac{5}{6}\times\frac{4}{21}$

$=\frac{13}{36}+\frac{7}{3}\div\frac{4}{3}-\frac{35}{6}\times\frac{4}{21}$

$=\frac{13}{36}+\frac{7\times3}{3\times4}-\frac{35\times4}{6\times21}$

$=\frac{13}{36}+\frac{7}{4}-\frac{10}{9}=\frac{13}{36}+\frac{63}{36}-\frac{40}{36}=\frac{36}{36}=1$

⑧ $\left(\frac{5}{6}-\frac{5}{24}\right)\div\left(\frac{1}{72}\div\frac{9}{16}\div19\frac{1}{5}\right)$

$=\frac{5}{8}\div\frac{1\times16\times5}{72\times9\times96}=\frac{5\times72\times9\times6}{8\times5}=486$

●21ページ

□内　① $3\frac{20}{15}$　② $1\frac{11}{15}$　③ $\frac{7}{4}$　④ $3\frac{3}{4}$　⑤ $2\frac{3}{5}$　⑥ $1\frac{13}{20}$

●22ページ

1 ① $\frac{14}{15}$　② $\frac{11}{12}$　③ $\frac{6}{7}$　④ $1\frac{2}{11}$　⑤ $2\frac{4}{5}$　⑥ $10\frac{1}{10}$　⑦5　⑧ $1\frac{1}{12}$

チェックポイント　分数の数が多くなっても計算の順序は変わりません。約分できるところは，とちゅうで約分します。

計算のしかた

① $\left(\frac{1}{3}-\frac{1}{4}+\frac{1}{2}\right)\div\left(\frac{3}{8}+\frac{5}{6}-\frac{7}{12}\right)$

$=\left(\frac{4}{12}-\frac{3}{12}+\frac{6}{12}\right)\div\left(\frac{9}{24}+\frac{20}{24}-\frac{14}{24}\right)$

$=\frac{7}{12}\div\frac{15}{24}=\frac{7\times24}{12\times15}=\frac{14}{15}$

② $\frac{11}{35}\times1\frac{1}{2}+\frac{22}{35}\times\frac{1}{3}+\frac{33}{35}\times\frac{1}{4}$

$=\frac{11}{35}\times\left(1\frac{1}{2}+2\times\frac{1}{3}+3\times\frac{1}{4}\right)$

$=\frac{11}{35}\times\left(\frac{18}{12}+\frac{8}{12}+\frac{9}{12}\right)=\frac{11}{35}\times\frac{35}{12}=\frac{11}{12}$

③ $\frac{1}{2}+\frac{1}{6}+\frac{1}{12}+\frac{1}{20}+\frac{1}{30}+\frac{1}{42}$

$=\frac{1}{1\times2}+\frac{1}{2\times3}+\frac{1}{3\times4}+\frac{1}{4\times5}+\frac{1}{5\times6}$
$+\frac{1}{6\times7}$

$=\left(\frac{1}{1}-\frac{1}{2}\right)+\left(\frac{1}{2}-\frac{1}{3}\right)+\left(\frac{1}{3}-\frac{1}{4}\right)+\left(\frac{1}{4}-\frac{1}{5}\right)$
$+\left(\frac{1}{5}-\frac{1}{6}\right)+\left(\frac{1}{6}-\frac{1}{7}\right)=1-\frac{1}{7}=\frac{6}{7}$

④ $1\frac{1}{3}-1\frac{1}{4}\div2\frac{7}{24}+\frac{9}{22}\times\frac{2}{3}+\frac{4}{33}$

$=1\frac{1}{3}-\frac{5}{4}\div\frac{55}{24}+\frac{9}{22}\times\frac{2}{3}+\frac{4}{33}$

$=1\frac{1}{3}-\frac{\overset{1}{\cancel{5}}\times\overset{6}{\cancel{24}}}{\underset{1}{\cancel{4}}\times\underset{11}{\cancel{55}}}+\frac{\overset{3}{\cancel{9}}\times\overset{1}{\cancel{2}}}{\underset{11}{\cancel{22}}\times\underset{1}{\cancel{3}}}+\frac{4}{33}$

$=1\frac{1}{3}-\frac{6}{11}+\frac{3}{11}+\frac{4}{33}$

$=1\frac{11}{33}-\frac{18}{33}+\frac{9}{33}+\frac{4}{33}=1\frac{6}{33}=1\frac{2}{11}$

⑥ $2\frac{3}{4}\div\frac{1}{4}-\left\{2\frac{2}{5}\times\left(3\frac{2}{3}-2\frac{1}{4}\right)-2\frac{1}{2}\right\}$

$=\frac{11}{4}\div\frac{1}{4}-\left(\frac{\overset{1}{\cancel{12}}\times17}{5\times\underset{1}{\cancel{12}}}-2\frac{1}{2}\right)$

$=\frac{11}{\underset{1}{\cancel{4}}}\times\frac{\overset{1}{\cancel{4}}}{1}-\frac{9}{10}=11-\frac{9}{10}=10\frac{1}{10}$

⑦ $\left(\frac{2}{39}+\frac{3}{26}\right)\div\left\{\left(\frac{3}{100}+\frac{4}{75}\right)-\left(\frac{4}{205}+\frac{5}{164}\right)\right\}$

$=\left(\frac{4}{78}+\frac{9}{78}\right)\div\left\{\left(\frac{9}{300}+\frac{16}{300}\right)-\left(\frac{16}{820}+\frac{25}{820}\right)\right\}$

$=\frac{1}{6}\div\left(\frac{1}{12}-\frac{1}{20}\right)=\frac{1}{6}\div\frac{1}{30}=5$

⑧ $6\frac{1}{4}-\left\{3\frac{7}{12}-\left(\frac{3}{8}+\frac{1}{6}\right)\times1\frac{5}{13}\right\}-2\frac{1}{3}$

$=6\frac{1}{4}-\left\{3\frac{7}{12}-\left(\frac{9}{24}+\frac{4}{24}\right)\times\frac{18}{13}\right\}-2\frac{1}{3}$

$=6\frac{1}{4}-\left(3\frac{7}{12}-\frac{\overset{1}{\cancel{13}}\times\overset{3}{\cancel{18}}}{\underset{4}{\cancel{24}}\times\underset{1}{\cancel{13}}}\right)-2\frac{1}{3}$

$=6\frac{1}{4}-\left(3\frac{7}{12}-\frac{9}{12}\right)-2\frac{1}{3}$

$=6\frac{1}{4}-2\frac{5}{6}-2\frac{1}{3}$

$=6\frac{3}{12}-2\frac{10}{12}-2\frac{4}{12}=1\frac{1}{12}$

●23ページ

1 ① $1\frac{5}{36}$ ② $\frac{1}{14}$ ③ 1 ④ $\frac{20}{21}$ ⑤ $4\frac{1}{2}$

チェックポイント 分数のたし算・ひき算での通分，かけ算・わり算のとちゅうでの約分などを確実に計算しましょう。

計算のしかた

② $\left(\frac{1}{3}+\frac{1}{4}+\frac{1}{12}+\frac{1}{21}\right)\times\frac{1}{10}$

$=\left(\frac{4}{12}+\frac{3}{12}+\frac{1}{12}+\frac{1}{21}\right)\times\frac{1}{10}$

$=\left(\frac{8}{12}+\frac{1}{21}\right)\times\frac{1}{10}=\left(\frac{2}{3}+\frac{1}{21}\right)\times\frac{1}{10}$

$=\left(\frac{14}{21}+\frac{1}{21}\right)\times\frac{1}{10}$

$=\frac{5}{7}\times\frac{1}{10}=\frac{1}{14}$

④ $\left(1\frac{9}{11}+\frac{4}{33}\right)\times\left(\frac{5}{6}-\frac{3}{8}\right)\div\frac{14}{15}$

$=\left(1\frac{27}{33}+\frac{4}{33}\right)\times\left(\frac{20}{24}-\frac{9}{24}\right)\div\frac{14}{15}$

$=\frac{64}{33}\times\frac{11}{24}\div\frac{14}{15}=\frac{\overset{4}{\cancel{\overset{8}{\cancel{64}}}}\times\overset{1}{\cancel{11}}\times\overset{5}{\cancel{15}}}{\underset{3}{\cancel{33}}\times\underset{\underset{1}{\cancel{3}}}{\cancel{24}}\times\underset{7}{\cancel{14}}}=\frac{20}{21}$

2 ① $\frac{1}{10}$ ② $3\frac{2}{3}$ ③ $\frac{1}{6}$

計算のしかた

③ $\left(\frac{11}{34}+\frac{4}{119}\right)\div\left(\frac{9}{26}+\frac{27}{91}\right)\times\left(\frac{5}{22}+\frac{4}{55}\right)$

$=\left(\frac{11}{17\times2}+\frac{4}{17\times7}\right)\div\left(\frac{9}{13\times2}+\frac{27}{13\times7}\right)\times\left(\frac{5}{11\times2}+\frac{4}{11\times5}\right)$

$=\frac{77+8}{17\times2\times7}\div\frac{63+54}{13\times2\times7}\times\frac{25+8}{11\times2\times5}$

$=\frac{\overset{5}{\cancel{85}}}{\underset{1}{\cancel{17}}\times2\times7}\times\frac{\overset{1}{\cancel{13}}\times2\times7}{\underset{9}{\cancel{117}}}\times\frac{\overset{3}{\cancel{33}}}{\underset{1}{\cancel{11}}\times2\times5}$

$=\frac{\overset{1}{\cancel{5}}\times\overset{1}{\cancel{14}}\times\overset{1}{\cancel{3}}}{\underset{1}{\cancel{14}}\times\underset{3}{\cancel{9}}\times\underset{2}{\cancel{10}}}=\frac{1}{6}$

●24ページ

1 ① $2\frac{5}{6}$ ② $2\frac{2}{3}$ ③ $\frac{1}{3}$ ④ $\frac{7}{15}$

2 ① $2\frac{14}{15}$ ② $\frac{1}{30}$ ③ 5 ④ 1

●25ページ

□内 ① $\frac{10}{35}$ ② $1\frac{11}{35}$ ③ $\frac{8}{15}$ ④ $\frac{4}{15}$ ⑤ $2\frac{14}{15}$ ⑥ $1\frac{1}{3}$

●26ページ

1 ① $\frac{5}{24}$ ② $1\frac{1}{2}$ ③ $3\frac{4}{5}$ ④ $1\frac{1}{8}$ ⑤ $\frac{1}{6}$

チェックポイント 分数の計算の数が多いので，約分することを忘(わす)れないようにしましょう。

計算のしかた

② $2\frac{5}{18}-1\frac{7}{18}\times\frac{3}{5}+\frac{1}{4}-2\frac{7}{9}\times\frac{7}{15}\div6\frac{2}{3}$

$=2\frac{5}{18}-\frac{25}{18}\times\frac{3}{5}+\frac{1}{4}-\frac{25}{9}\times\frac{7}{15}\div\frac{20}{3}$

$=2\frac{5}{18}-\frac{25\times3}{18\times5}+\frac{1}{4}-\frac{25\times7\times3}{9\times15\times20}$

$=2\frac{5}{18}-\frac{5}{6}+\frac{1}{4}-\frac{7}{36}$

$=2\frac{10}{36}-\frac{30}{36}+\frac{9}{36}-\frac{7}{36}=1\frac{1}{2}$

④ $2\frac{5}{8}-\left(1\frac{3}{4}\times\frac{5}{14}-\frac{5}{12}\div1\frac{2}{3}\right)\times\frac{4}{9}-1\frac{1}{3}$

$=2\frac{5}{8}-\left(\frac{7}{4}\times\frac{5}{14}-\frac{5}{12}\div\frac{5}{3}\right)\times\frac{4}{9}-1\frac{1}{3}$

$=2\frac{5}{8}-\left(\frac{7\times5}{4\times14}-\frac{5\times3}{12\times5}\right)\times\frac{4}{9}-1\frac{1}{3}$

$=2\frac{5}{8}-\left(\frac{5}{8}-\frac{1}{4}\right)\times\frac{4}{9}-1\frac{1}{3}$

$=2\frac{5}{8}-\frac{3\times4}{8\times9}-1\frac{1}{3}=2\frac{5}{8}-\frac{1}{6}-1\frac{1}{3}$

$=2\frac{15}{24}-\frac{4}{24}-1\frac{8}{24}=1\frac{1}{8}$

⑤ $\left(3\frac{3}{4}-\frac{2}{7}\right)\times\frac{2}{3}-\frac{3}{5}\div\frac{3}{10}-\frac{13}{28}\div3\frac{1}{4}$

$=\left(3\frac{21}{28}-\frac{8}{28}\right)\times\frac{2}{3}-\frac{3\times10}{5\times3}-\frac{13}{28}\div\frac{13}{4}$

$=\frac{97\times2}{28\times3}-2-\frac{13\times4}{28\times13}=\frac{97}{42}-2-\frac{1}{7}$

$=\frac{97-84-6}{42}=\frac{7}{42}=\frac{1}{6}$

2 ① $6\frac{3}{4}$ ② $1\frac{4}{21}$

計算のしかた

① $\frac{2}{3}\times\left(1\frac{1}{12}-\frac{7}{8}\right)\times21\frac{3}{5}\div\frac{2}{3}$

$\times\left\{\left(3\frac{1}{3}-2\frac{1}{2}\right)\div\frac{5}{9}\right\}$

$=\frac{2}{3}\times\left(1\frac{2}{24}-\frac{21}{24}\right)\times\frac{108}{5}\div\frac{2}{3}$

$\times\left\{\left(3\frac{2}{6}-2\frac{3}{6}\right)\div\frac{5}{9}\right\}$

$=\frac{2}{3}\times\frac{5}{24}\times\frac{108}{5}\div\frac{2}{3}\times\left(\frac{5}{6}\div\frac{5}{9}\right)$

$=\frac{2}{3}\times\frac{5}{24}\times\frac{108}{5}\times\frac{3}{2}\times\left(\frac{5\times9}{6\times5}\right)$

$=\frac{2\times5\times108\times3\times3}{3\times24\times5\times2\times2}=\frac{27}{4}=6\frac{3}{4}$

② $\frac{2}{3\times5}=\left(\frac{1}{3}-\frac{1}{5}\right)$ を利用します。

$\frac{2}{1\times3}+\frac{2}{2\times4}+\frac{2}{3\times5}+\frac{2}{4\times6}+\frac{2}{5\times7}$

$=\left(\frac{1}{1}-\frac{1}{3}\right)+\left(\frac{1}{2}-\frac{1}{4}\right)+\left(\frac{1}{3}-\frac{1}{5}\right)+\left(\frac{1}{4}-\frac{1}{6}\right)$

$+\left(\frac{1}{5}-\frac{1}{7}\right)=1+\frac{1}{2}-\frac{1}{6}-\frac{1}{7}=1+\frac{1}{3}-\frac{1}{7}$

$=1+\frac{7}{21}-\frac{3}{21}=1+\frac{4}{21}=1\frac{4}{21}$

●27ページ

□内 ① $\frac{1}{8}$ ② $\frac{1}{2}$ ③ $1\frac{1}{6}$ ④ $2\frac{1}{3}$ ⑤ $\frac{2}{24}$ ⑥ $2\frac{3}{8}$

●28ページ

1 ① $\frac{1}{24}$ ② $\frac{7}{30}$ ③ $1\frac{1}{8}$ ④ $\frac{1}{27}$

チェックポイント 整数・小数・分数の混じった式は，ふつう小数を分数に直して，分数どうしと同じように計算します。

計算のしかた

② $\frac{1}{2}-\left(1\frac{1}{4}-\frac{2}{3}\right)\times\frac{4}{5}\div1.75$

$=\frac{1}{2}-\left(\frac{15}{12}-\frac{8}{12}\right)\times\frac{4}{5}\div\frac{7}{4}$

$=\frac{1}{2}-\frac{7\times4\times4}{12\times5\times7}=\frac{1}{2}-\frac{4}{15}=\frac{15}{30}-\frac{8}{30}$

$=\frac{7}{30}$

③ $0.75\times\left\{\left(3\frac{2}{3}-2\right)\div\frac{2}{3}-1\right\}$

$=\frac{3}{4}\times\left(1\frac{2}{3}\div\frac{2}{3}-1\right)=\frac{3}{4}\times\left(\frac{5\times3}{3\times2}-1\right)$

$=\frac{3}{4}\times\frac{3}{2}=\frac{9}{8}=1\frac{1}{8}$

2 ①6 ②$4\frac{5}{12}$ ③$7\frac{3}{4}$ ④$\frac{5}{9}$

計算のしかた

① $\left\{3.3-1\frac{3}{25}\div\left(3\frac{2}{3}-1\frac{4}{5}\right)\right\}\times\frac{20}{9}$

$=\left(3\frac{3}{10}-1\frac{3}{25}\div1\frac{13}{15}\right)\times\frac{20}{9}$

$=\left(3\frac{3}{10}-\frac{3}{5}\right)\times\frac{20}{9}=\frac{27}{10}\times\frac{20}{9}=6$

② $4\frac{3}{4}-1.75\times24\div14+2\frac{2}{3}$

$=4\frac{3}{4}-1\frac{3}{4}\times24\div14+2\frac{2}{3}$

$=4\frac{3}{4}-\frac{7\times24\times1}{4\times1\times14}+2\frac{2}{3}=4\frac{3}{4}-3+2\frac{2}{3}$

$=1\frac{3}{4}+2\frac{2}{3}=3\frac{17}{12}=4\frac{5}{12}$

③ $15\frac{3}{4}-\left\{14-\left(3.25-2\frac{1}{4}\right)\times6\right\}$

$=15\frac{3}{4}-\left\{14-\left(3\frac{1}{4}-2\frac{1}{4}\right)\times6\right\}$

$=15\frac{3}{4}-(14-6)=15\frac{3}{4}-8=7\frac{3}{4}$

④ $3\frac{2}{9}-\left(7-4\frac{3}{5}\right)\div1.2\times1\frac{1}{3}$

$=3\frac{2}{9}-2\frac{2}{5}\div1\frac{1}{5}\times1\frac{1}{3}$

$=3\frac{2}{9}-\frac{12\times5\times4}{5\times6\times3}=3\frac{2}{9}-2\frac{2}{3}=\frac{5}{9}$

●29ページ

1 ①$\frac{1}{10}$ ②$\frac{1}{5}$ ③5 ④$1\frac{1}{5}$ ⑤$\frac{3}{5}$

2 ①1 ②$\frac{1}{3}$ ③$\frac{35}{64}$

●30ページ

1 ①$\frac{3}{10}$ ②1100 ③25 ④$\frac{7}{25}$

⑤$6\frac{3}{20}$

チェックポイント ②のような問題では，0の数が多くなるので気をつけます。分母が大きい数になる分数の計算では，計算の正確さが問われます。

計算のしかた

② $\left(0.1\times0.01+\frac{1}{100}\right)\div0.01\div\frac{1}{1000}$

$=\left(\frac{1}{10}\times\frac{1}{100}+\frac{1}{100}\right)\div\frac{1}{100}\div\frac{1}{1000}$

$=\left(\frac{1}{1000}+\frac{1}{100}\right)\div\frac{1}{100}\div\frac{1}{1000}$

$=\frac{11}{1000}\times\frac{100}{1}\times\frac{1000}{1}=1100$

④ $\left(0.125+\frac{3}{4}\right)\times\left(\frac{4}{25}+\frac{1}{125}\div0.05\right)$

$=\left(\frac{1}{8}+\frac{3}{4}\right)\times\left(\frac{4}{25}+\frac{1}{125}\div\frac{1}{20}\right)$

$=\frac{7}{8}\times\left(\frac{4}{25}+\frac{1\times20}{125\times1}\right)=\frac{7}{8}\times\frac{8}{25}=\frac{7}{25}$

⑤ $8-\left\{\left(2.34-1\frac{1}{4}\right)\times5\frac{3}{10}-3.927\right\}$

$=8-\left\{\left(2\frac{17}{50}-1\frac{1}{4}\right)\times5\frac{3}{10}-3\frac{927}{1000}\right\}$

$=8-\left\{\left(2\frac{34}{100}-1\frac{25}{100}\right)\times\frac{53}{10}-3\frac{927}{1000}\right\}$

$=8-\left(\frac{109}{100}\times\frac{53}{10}-3\frac{927}{1000}\right)$

$=8-\left(\frac{5777}{1000}-3\frac{927}{1000}\right)$

$=8-\left(4\frac{1777}{1000}-3\frac{927}{1000}\right)$

$=8-1\frac{850}{1000}=6\frac{150}{1000}=6\frac{3}{20}$

※⑤は小数の形に直しても計算できます。

2 ① $\frac{1}{3}$ ② 2 ③ $\frac{1}{3}$

チェックポイント ①，②は計算をくふうします。

計算のしかた

① $\frac{1}{2}\times\frac{1}{3}+\frac{1}{3}\times\frac{1}{4}+\frac{1}{4}\times\frac{1}{5}+\frac{1}{5}\times\frac{1}{6}$

$=\left(\frac{1}{2}-\frac{1}{3}\right)+\left(\frac{1}{3}-\frac{1}{4}\right)+\left(\frac{1}{4}-\frac{1}{5}\right)+\left(\frac{1}{5}-\frac{1}{6}\right)$

$=\frac{1}{2}-\frac{1}{6}=\frac{1}{3}$

② $\frac{2}{3}-\frac{1}{6}+\frac{3}{5}-\frac{1}{10}+\frac{4}{7}-\frac{1}{14}+\frac{5}{9}-\frac{1}{18}$

$=\left(\frac{4}{6}-\frac{1}{6}\right)+\left(\frac{6}{10}-\frac{1}{10}\right)+\left(\frac{8}{14}-\frac{1}{14}\right)$

$+\left(\frac{10}{18}-\frac{1}{18}\right)=\frac{3}{6}+\frac{5}{10}+\frac{7}{14}+\frac{9}{18}$

$=\frac{1}{2}+\frac{1}{2}+\frac{1}{2}+\frac{1}{2}=2$

●31ページ

1 ① $\frac{7}{60}$ ② $\frac{9}{20}$ ③ $\frac{7}{16}$ ④ $\frac{1}{3}$ ⑤ 3

2 ① $\frac{3}{8}$ ② $\frac{5}{7}$ ③ 6

●32ページ

1 ① $\frac{9}{10}$ ② $\frac{7}{9}$ ③ $\frac{1}{6}$ ④ $4\frac{1}{2}$ ⑤ $7\frac{5}{7}$

計算のしかた

① $\left(\frac{1}{2}-\frac{1}{6}-\frac{1}{12}-\frac{1}{20}\right)$

$\div\left(\frac{1}{3}-\frac{1}{15}-\frac{1}{35}-\frac{1}{63}\right)$

$=\left(\frac{30}{60}-\frac{10}{60}-\frac{5}{60}-\frac{3}{60}\right)$

$\div\left(\frac{105}{315}-\frac{21}{315}-\frac{9}{315}-\frac{5}{315}\right)$

$=\frac{12}{60}\div\frac{70}{315}=\frac{1}{5}\div\frac{2}{9}=\frac{9}{10}$

2 ① $\frac{4}{5}$ ② $\frac{1}{49}$ ③ $\frac{3}{5}$

●33ページ

□内 ① $\frac{3}{4}$ ② $2\frac{1}{12}$ ③ $\frac{25}{12}$ ④ $1\frac{4}{6}$ ⑤ $\frac{1}{6}$

⑥ $1\frac{7}{30}$ ⑦ $\frac{1}{6}$

●34ページ

1 ① $3\frac{1}{2}$ ② $\frac{19}{82}$ ③ $\frac{1}{7}$ ④ $\frac{1}{6}$ ⑤ $1\frac{2}{3}$

⑥ $\frac{1}{3}$ ⑦ $\frac{17}{35}$ ⑧ 14

チェックポイント 分数の数が多くなっても計算のしかたはかわりません。計算まちがいをしないようにしましょう。

計算のしかた

② $\left(1-2\frac{1}{5}\div4\frac{1}{10}\right)\times\left(0.8\times1.5-\frac{7}{10}\right)$

$=\left(1-\frac{11\times10}{5\times41}\right)\times\left(\frac{4\times3}{5\times2}-\frac{7}{10}\right)$

$=\left(1-\frac{22}{41}\right)\times\left(\frac{6}{5}-\frac{7}{10}\right)=\frac{19\times5}{41\times10}=\frac{19}{82}$

④ $0.25\times\left(2\frac{1}{5}-1.75\right)\times1\frac{2}{3}\div\left(2.25-1\frac{1}{8}\right)$

$=\frac{1}{4}\times\left(2\frac{1}{5}-1\frac{3}{4}\right)\times1\frac{2}{3}\div\left(\frac{9}{4}-\frac{9}{8}\right)$

$=\frac{1}{4}\times\frac{9}{20}\times1\frac{2}{3}\div\frac{9}{8}=\frac{1\times9\times5\times8}{4\times20\times3\times9}=\frac{1}{6}$

⑥ $0.69\div\left(\frac{1}{4}+0.9\right)-\left(\frac{3}{4}\div0.45-1\frac{2}{5}\right)$

$=\frac{69}{100}\div\left(\frac{1}{4}+\frac{9}{10}\right)-\left(\frac{3}{4}\div\frac{9}{20}-1\frac{2}{5}\right)$

$=\frac{69}{100}\div\frac{23}{20}-\left(\frac{3\times20}{4\times9}-1\frac{2}{5}\right)$

$=\frac{69\times20}{100\times23}-\left(1\frac{2}{3}-1\frac{2}{5}\right)=\frac{3}{5}-\frac{4}{15}=\frac{1}{3}$

⑦ $\left(4\frac{2}{11}-0.125\right)\div1\frac{4}{11}\div\left(4\frac{5}{8}+3.5\div2\frac{1}{3}\right)$

$=\left(4\frac{2}{11}-\frac{1}{8}\right)\div 1\frac{4}{11}\div\left(4\frac{5}{8}+3\frac{1}{2}\div 2\frac{1}{3}\right)$

$=4\frac{5}{88}\div 1\frac{4}{11}\div 6\frac{1}{8}=\frac{17}{35}$

⑧ $5\frac{5}{7}+\left(\frac{2}{7}+\frac{18}{35}\right)\div 0.4+17\frac{2}{7}\div 2.75$

$=5\frac{5}{7}+\left(\frac{2}{7}+\frac{18}{35}\right)\div\frac{2}{5}+17\frac{2}{7}\div 2\frac{3}{4}$

$=5\frac{5}{7}+\frac{4}{5}\div\frac{2}{5}+\frac{121}{7}\div\frac{11}{4}$

$=5\frac{5}{7}+2+6\frac{2}{7}=14$

●35ページ

□内　① 10.84　② $1\frac{8}{25}$　③ $\frac{5}{4}$　④ $13\frac{11}{20}$

⑤ $\frac{33}{25}$　⑥ 3

●36ページ

1　① $1\frac{11}{16}$　② $\frac{9}{10}$　③ $\frac{7}{144}$　④ 2

チェックポイント　②のような分母の0の数が多い計算は，0の数をまちがえないように計算しましょう。
小数は，できるだけ簡単な分数に直します。

計算のしかた

② $\left(1-\frac{1}{10}+\frac{1}{100}-\frac{1}{1000}\right)$
$\div(1+0.1\times 0.1)$

$=\left(\frac{1000}{1000}-\frac{100}{1000}+\frac{10}{1000}-\frac{1}{1000}\right)$
$\div\left(1+\frac{1}{10}\times\frac{1}{10}\right)$

$=\frac{909}{1000}\div\left(1+\frac{1}{100}\right)=\frac{909}{1000}\div\frac{101}{100}$

$=\frac{\overset{9}{\cancel{909}}\times\overset{1}{\cancel{100}}}{\underset{10}{\cancel{1000}}\times\underset{1}{\cancel{101}}}=\frac{9}{10}$

③ $\left(\frac{1}{3}-0.25+\frac{5}{6}\right)\times\left(\frac{7}{22}+\frac{7}{11}-\frac{7}{33}\right)\div 14$

$=\left(\frac{1}{3}-\frac{1}{4}+\frac{5}{6}\right)\times\left(\frac{21}{66}+\frac{42}{66}-\frac{14}{66}\right)\div 14$

$=\frac{\overset{1}{\cancel{11}}\times\overset{7}{\cancel{49}}\times 1}{12\times\underset{6}{\cancel{66}}\times\underset{2}{\cancel{14}}}=\frac{7}{144}$

2　① $\frac{2}{5}$　② 1234　③ 59

チェックポイント　いろいろな種類のかっこがある式では，（　），｛　｝，〔　〕の順に計算します。

計算のしかた

② $\left\{\frac{1}{0.001}+0.36\times 1\frac{2}{3}\right.$
$\left.-\left(1.25-13\div\frac{1}{0.05}\right)\right\}\times 1.234$

$=\left\{1000+\frac{9}{25}\times 1\frac{2}{3}-\left(1\frac{1}{4}-13\div 20\right)\right\}$
$\times 1\frac{234}{1000}$

$=\left(1000+\frac{3}{5}-\frac{3}{5}\right)\times\frac{1234}{1000}$

$=1000\times\frac{1234}{1000}=1234$

③ $\left[3\div\left\{2\div\left(5\frac{1}{3}+2\frac{8}{15}\right)\right\}\times 3.2\right]\div\left(\frac{4}{5}\times 0.8\right)$

$=\left\{3\div\left(2\div 7\frac{13}{15}\right)\times 3\frac{1}{5}\right\}\div\left(\frac{4}{5}\times\frac{4}{5}\right)$

$=\left(3\div\frac{15}{59}\times 3\frac{1}{5}\right)\div\frac{16}{25}=\frac{59\times 16}{25}\div\frac{16}{25}$

$=\frac{59\times\overset{1}{\cancel{16}}\times\overset{1}{\cancel{25}}}{\underset{1}{\cancel{25}}\times\underset{1}{\cancel{16}}}=59$

●37ページ

1　① 9　② 33　③ $3\frac{49}{60}$　④ $\frac{1}{3}$　⑤ 9

⑥ $\frac{1}{21}$　⑦ $3\frac{1}{3}$　⑧ $\frac{7}{20}$

●38ページ

1　① $1\frac{19}{36}$　② 15　③ $\frac{2}{3}$　④ $5\frac{3}{4}$　⑤ $\frac{1}{3}$

⑥ $\frac{6}{25}$　⑦ $\frac{5}{12}$　⑧ $\frac{2}{13}$

●39ページ

□内　① 34　② 18　③ 16　④ $\frac{25}{36}$　⑤ $6\frac{2}{3}$

⑥ $68\frac{1}{3}$　⑦ 41

● 40 ページ

1 ① $1\frac{1}{3}$ ② $\frac{1}{15}$ ③ $4\frac{1}{2}$ ④ $1\frac{5}{18}$ ⑤ $\frac{13}{24}$

チェックポイント ①のような計算は，通分をまちがえないようにして計算します。

③ $0.875=\frac{7}{8}$ になります。

計算のしかた

① $\left(\frac{1}{2}+\frac{1}{3}+\frac{1}{4}+\frac{1}{6}-\frac{1}{12}\right)\div\left(\frac{1}{3}+\frac{1}{4}+\frac{1}{6}+\frac{1}{8}\right)$

$=\left(\frac{6}{12}+\frac{4}{12}+\frac{3}{12}+\frac{2}{12}-\frac{1}{12}\right)$

$\div\left(\frac{8}{24}+\frac{6}{24}+\frac{4}{24}+\frac{3}{24}\right)$

$=\frac{14}{12}\div\frac{21}{24}=\frac{14\times24}{12\times21}=\frac{4}{3}=1\frac{1}{3}$

③ $2\frac{1}{4}\times5\div1.875-\left\{0.8\times\frac{5}{12}+\left(9-\frac{5}{6}\right)\div7\right\}$

$=2\frac{1}{4}\times5\div1\frac{7}{8}-\left(\frac{4}{5}\times\frac{5}{12}+8\frac{1}{6}\div7\right)$

$=\frac{9\times5\times8}{4\times1\times15}-\left(\frac{4\times5}{5\times12}+\frac{49\times1}{6\times7}\right)$

$=6-\left(\frac{1}{3}+\frac{7}{6}\right)=6-\frac{3}{2}=4\frac{1}{2}$

④ $\left\{13-3\times\left(\frac{5}{6}+2\frac{1}{9}\right)\right\}\div3-\left(1\div3.6-\frac{1}{6}\right)$

$=\left(13-3\times2\frac{17}{18}\right)\div3-\left(1\div\frac{18}{5}-\frac{1}{6}\right)$

$=\left(13-\frac{3\times53}{1\times18}\right)\div3-\left(\frac{5}{18}-\frac{1}{6}\right)$

$=\left(13-8\frac{5}{6}\right)\div3-\frac{1}{9}=4\frac{1}{6}\div3-\frac{1}{9}$

$=\frac{25\times1}{6\times3}-\frac{1}{9}=\frac{25}{18}-\frac{2}{18}=1\frac{5}{18}$

⑤ $1-\frac{1}{2}\times\left[2.75-\frac{2}{3}\times\left\{1.25+\left(0.75+\frac{1}{4}\right)\right.\right.$

$\left.\left.\div\frac{2}{3}\right\}\right]=1-\frac{1}{2}\times\left\{2\frac{3}{4}-\frac{2}{3}\times\left(1\frac{1}{4}+1\frac{1}{2}\right)\right\}$

$=1-\frac{1}{2}\times\left(2\frac{3}{4}-\frac{11}{6}\right)=1-\frac{1}{2}\times\frac{11}{12}=\frac{13}{24}$

2 ① $\frac{5}{12}$ ② $\frac{8}{49}$

計算のしかた

① $\frac{2}{3}\div2\frac{2}{3}+2\times0.75+4\times\left(\frac{1}{6}\div\frac{1}{4}-\frac{2}{3}\right)-4\div3$

$=\frac{2}{3}\div\frac{8}{3}+2\times\frac{3}{4}+4\times\left(\frac{1\times4}{6\times1}-\frac{2}{3}\right)-\frac{4}{3}$

$=\frac{2\times3}{3\times8}+\frac{3}{2}+4\times\left(\frac{2}{3}-\frac{2}{3}\right)-\frac{4}{3}$

$=\frac{1}{4}+\frac{3}{2}+0-\frac{4}{3}=\frac{3}{12}+\frac{18}{12}-\frac{16}{12}=\frac{5}{12}$

② $1\frac{2}{3}\div3\frac{1}{2}\div\left\{\frac{5}{6}-\left(\frac{1}{3}\times2\frac{1}{2}-\frac{2}{5}\right)\times\frac{6}{13}-\frac{1}{6}\right\}$

$-\frac{6}{7}$

$=\frac{5}{3}\div\frac{7}{2}\div\left\{\frac{4}{6}-\left(\frac{1}{3}\times\frac{5}{2}-\frac{2}{5}\right)\times\frac{6}{13}\right\}-\frac{6}{7}$

$=\frac{5}{3}\times\frac{2}{7}\div\left(\frac{2}{3}-\frac{13}{30}\times\frac{6}{13}\right)-\frac{6}{7}$

$=\frac{10}{21}\div\left(\frac{2}{3}-\frac{1}{5}\right)-\frac{6}{7}=\frac{10}{21}\times\frac{15}{7}-\frac{6}{7}$

$=\frac{50}{49}-\frac{42}{49}=\frac{8}{49}$

● 41 ページ

□内 ①45 ②18 ③÷ ④6 ⑤24

● 42 ページ

1 ①6 ②3 ③11 ④12

チェックポイント 四則計算の逆の順序で，1つ1つ考えて計算していきます。( )の中にxがある式は，( )を1つのxの式と考えて解いていきます。

計算のしかた

③ $37-5\times(15-x)=17$

$5\times(15-x)=37-17$

$5\times(15-x)=20$

$15-x=20\div5$

$15-x=4$

$x=15-4=11$

④ $324\div x\times17-24=435$

$324\div x\times17=435+24$

$324\div x\times17=459$

$324 \div x = 459 \div 17$
$324 \div x = 27$
$x = 324 \div 27 = 12$

2 ①117 ②0.04 ③19 ④7.12
⑤0.54 ⑥428

計算のしかた

② $1.8 \times 0.05 - 0.75 \times x = 0.06$
$0.09 - 0.75 \times x = 0.06$
$0.75 \times x = 0.09 - 0.06$
$0.75 \times x = 0.03$
$x = 0.03 \div 0.75 = 0.04$

③ $(0.23 \times x + 0.03) \div 0.4 = 11$
$0.23 \times x + 0.03 = 11 \times 0.4$
$0.23 \times x + 0.03 = 4.4$
$0.23 \times x = 4.4 - 0.03$
$0.23 \times x = 4.37$
$x = 4.37 \div 0.23 = 19$

④ $48.45 \div (x + 2.3 \times 0.6) = 5.7$
$x + 2.3 \times 0.6 = 48.45 \div 5.7$
$x + 2.3 \times 0.6 = 8.5$
$x + 1.38 = 8.5$
$x = 8.5 - 1.38 = 7.12$

⑤ $(0.675 \div 0.25 - x) \div 0.04 = 54$
$0.675 \div 0.25 - x = 54 \times 0.04$
$x = 2.7 - 2.16 = 0.54$

⑥ $5206 \times 31 - 377 \times x = 30$
$161386 - 377 \times x = 30$
$377 \times x = 161386 - 30$
$377 \times x = 161356$
$x = 161356 \div 377 = 428$

●43ページ

1 ①35 ②4 ③3 ④3 ⑤6 ⑥4

2 ① $\frac{1}{6}$ ② $\frac{5}{9}$ ③5

チェックポイント ①はくふうが必要です。

計算のしかた

① $\left(\frac{1}{2} - \frac{1}{3}\right) - \left(0.25 - \frac{1}{5}\right) + \left(\frac{1}{3} - \frac{1}{4}\right) - \left(0.2 - \frac{1}{6}\right)$
$= \left(\frac{1}{2} - \frac{1}{3}\right) - \left(\frac{1}{4} - \frac{1}{5}\right) + \left(\frac{1}{3} - \frac{1}{4}\right) - \left(\frac{1}{5} - \frac{1}{6}\right)$
$= \frac{1}{2} - \frac{1}{4} - \frac{1}{4} + \frac{1}{6} = \frac{1}{6}$

●44ページ

1 ①4 ②6 ③6 ④12 ⑤4 ⑥0.3

2 ① $11\frac{1}{4}$ ②17

●45ページ

1 ①6 ②2 ③29 ④3.62

2 ①3 ②0 ③26 ④0.4 ⑤ $\frac{4}{5}$ ⑥ $\frac{5}{12}$

計算のしかた

② $46 \times 39 + 34 \times 78 - 38 \times 117$
$= 46 \times 39 + 34 \times 2 \times 39 - 38 \times 3 \times 39$
$= 39 \times (46 + 34 \times 2 - 38 \times 3)$
$= 39 \times (46 + 68 - 114) = 39 \times 0 = 0$

●46ページ

1 ①50 ②48 ③0.1 ④3

2 ①20 ②300 ③0.52 ④3.2 ⑤ $\frac{1}{5}$
⑥ $1\frac{5}{6}$

計算のしかた

② $19 \times 17 + 19 \times 13 - 9 \times 17 - 9 \times 13$
$= 17 \times (19 - 9) + 13 \times (19 - 9)$
$= 170 + 130 = 300$

③ $1.5 \times 1.4 - 1.4 \times 1.3 + 1.3 \times 1.2 - 1.2 \times 1.1$
$= 1.4 \times (1.5 - 1.3) + 1.2 \times (1.3 - 1.1)$
$= 1.4 \times 0.2 + 1.2 \times 0.2 = 0.2 \times (1.4 + 1.2)$
$= 0.2 \times 2.6 = 0.52$

●47ページ

□内 ①4 ②7 ③÷ ④38 ⑤18

●48ページ

1 ①6 ②8 ③41 ④12 ⑤6 ⑥ $\frac{5}{6}$
⑦4 ⑧12 ⑨67 ⑩30

チェックポイント　数が多くなっても，正しく逆算することができればまちがいは少なくなります。
(　)の中にxがあれば，まずは(　)を１つのxの式と考えます。

計算のしかた

③$29-3\times(x-16)\div5=14$
$3\times(x-16)\div5=29-14$
$3\times(x-16)\div5=15$
$x-16=15\div3\times5$
$x-16=25$
$x=25+16=41$

⑥$(13\div x+10\times2)\div5=7.12$
$13\div x+20=7.12\times5$
$13\div x+20=35.6$
$13\div x=35.6-20$
$13\div x=15.6$
$x=13\div15.6=\frac{130}{156}=\frac{5}{6}$

⑦$8-2\times(x-1.3\times2)=5.2$
$2\times(x-2.6)=8-5.2$
$2\times(x-2.6)=2.8$
$x-2.6=2.8\div2$
$x-2.6=1.4$
$x=1.4+2.6=4$

⑧$400-(x\times26+19\times2)=50$
$x\times26+38=400-50$
$x\times26+38=350$
$x\times26=350-38$
$x\times26=312$
$x=312\div26=12$

⑨$(7+77+777)\div(7+7\times7+x)=7$
$7+7\times7+x=(7+77+777)\div7$
$7+49+x=1+11+111$
$56+x=123$
$x=123-56=67$

⑩$\{48\div(x+34)-0.25\}\div0.585\times2.34\div2=1$
$48\div(x+34)-0.25=1\times2\times0.585\div2.34$
$48\div(x+34)-0.25=0.5$
$48\div(x+34)=0.75$
$x+34=64$
$x=64-34=30$

●49ページ

□内　①÷　②×　③$\frac{5}{6}$　④$1\frac{1}{6}$

●50ページ

1　①$1\frac{1}{2}$　②2　③5　④$2\frac{1}{2}$　⑤$\frac{7}{10}$　⑥$\frac{2}{3}$
⑦$\frac{3}{4}$　⑧35

チェックポイント　分数であっても計算のしかたはかわりません。わり算をかけ算に直すときには，分母と分子を入れかえてかけ算にするのを忘(わす)れないようにしましょう。

計算のしかた

③$10-\left(x+1\frac{3}{5}\div\frac{4}{7}\right)=2\frac{1}{5}$
$x+2\frac{4}{5}=10-2\frac{1}{5}$
$x+2\frac{4}{5}=7\frac{4}{5}$
$x=7\frac{4}{5}-2\frac{4}{5}=5$

⑤$1\frac{4}{5}\div\left(x-\frac{1}{6}\times\frac{3}{5}\right)=3$
$x-\frac{1}{10}=1\frac{4}{5}\div3$
$x-\frac{1}{10}=\frac{3}{5}$
$x=\frac{3}{5}+\frac{1}{10}=\frac{7}{10}$

⑦$3\frac{1}{3}\times\frac{3}{4}\div\left(2\frac{5}{6}-x\right)=1\frac{1}{5}$
$2\frac{1}{2}\div\left(2\frac{5}{6}-x\right)=1\frac{1}{5}$
$2\frac{5}{6}-x=2\frac{1}{2}\div1\frac{1}{5}$
$2\frac{5}{6}-x=2\frac{1}{12}$
$x=2\frac{5}{6}-2\frac{1}{12}=\frac{3}{4}$

⑧$\frac{1}{10\times11}+\frac{1}{11\times12}+\frac{1}{12\times13}+\frac{1}{13\times14}=\frac{1}{x}$
$\left(\frac{1}{10}-\frac{1}{11}\right)+\left(\frac{1}{11}-\frac{1}{12}\right)+\left(\frac{1}{12}-\frac{1}{13}\right)$

$+\left(\frac{1}{13}-\frac{1}{14}\right)=\frac{1}{x}$

$\frac{1}{10}-\frac{1}{14}=\frac{1}{x}$

$\frac{7}{70}-\frac{5}{70}=\frac{1}{x}$

$\frac{1}{35}=\frac{1}{x}$　$x=35$

●51 ページ

1 ①4　②3　③103　④20　⑤$\frac{2}{3}$

⑥144　⑦16　⑧12

計算のしかた

⑥ $1\div\left(\frac{5}{6}-\frac{3}{4}\right)\div x=\frac{1}{12}$

$1\div\frac{1}{12}\div x=\frac{1}{12}$

$12\div x=\frac{1}{12}$

$x=12\div\frac{1}{12}=144$

●52 ページ

1 ①$\frac{11}{12}$　②$3\frac{1}{2}$　③$\frac{3}{5}$ (0.6)　④$6\frac{2}{45}$

⑤2　⑥5　⑦5　⑧0.4$\left(\frac{2}{5}\right)$

●53 ページ

□内　①$1\frac{3}{4}$　②$\frac{3}{14}$　③$\frac{2}{7}$　④$\frac{5}{21}$

●54 ページ

1 ①$\frac{1}{4}$　②$\frac{1}{10}$ (0.1)　③$\frac{1}{2}$　④$\frac{1}{3}$　⑤$\frac{4}{9}$

⑥11　⑦$2\frac{2}{5}$　⑧$1\frac{1}{4}$ (1.25)

チェックポイント　小数と分数の混じった式では，ふつう小数を分数に直します。
⑤のような，大きな数の分数では，どのような数で約分できるかを見つけることが大切です。

計算のしかた

① $\left(x+\frac{1}{6}\right)\div\frac{2}{3}+0.25=\frac{7}{8}$

$\left(x+\frac{1}{6}\right)\div\frac{2}{3}=\frac{7}{8}-\frac{1}{4}$

$\left(x+\frac{1}{6}\right)\div\frac{2}{3}=\frac{5}{8}$

$x+\frac{1}{6}=\frac{5}{8}\times\frac{2}{3}$

$x+\frac{1}{6}=\frac{5}{12}$

$x=\frac{5}{12}-\frac{1}{6}=\frac{1}{4}$

③ $\left(\frac{2}{3}-x\times\frac{5}{4}\right)\div2\frac{1}{12}=0.02$

$\left(\frac{2}{3}-x\times\frac{5}{4}\right)\div2\frac{1}{12}=\frac{1}{50}$

$\frac{2}{3}-x\times\frac{5}{4}=\frac{1}{50}\times2\frac{1}{12}$

$\frac{2}{3}-x\times\frac{5}{4}=\frac{1}{24}$

$x\times\frac{5}{4}=\frac{2}{3}-\frac{1}{24}$

$x\times\frac{5}{4}=\frac{5}{8}$

$x=\frac{5}{8}\div\frac{5}{4}=\frac{1}{2}$

⑤ $\left(\frac{25}{3}+0.75\right)\times x\div8=\frac{109}{216}$

$\left(\frac{25}{3}+\frac{3}{4}\right)\times x=\frac{109}{216}\times8$

$\frac{109}{12}\times x=\frac{109}{27}$

$x=\frac{109}{27}\div\frac{109}{12}=\frac{4}{9}$

⑦ $\left(3\frac{5}{6}-x+1\frac{7}{15}\right)\div1\frac{14}{15}=1.5$

$5\frac{3}{10}-x=1\frac{1}{2}\times1\frac{14}{15}$

$5\frac{3}{10}-x=2\frac{9}{10}$

$x=5\frac{3}{10}-2\frac{9}{10}$

$x=2\frac{2}{5}$

⑧ $2.5\times x+3\frac{3}{4}\times2.5=12.5$

$2\frac{1}{2}\times x=12\frac{1}{2}-3\frac{3}{4}\times2\frac{1}{2}$

$2\frac{1}{2}\times x=3\frac{1}{8}$

$x=3\frac{1}{8}\div2\frac{1}{2}$

$x=1\frac{1}{4}$

別解 $2.5\times x+3\frac{3}{4}\times2.5=12.5$

$2.5\times\left(x+3\frac{3}{4}\right)=12.5$

$x+3\frac{3}{4}=12.5\div2.5$

$x+3\frac{3}{4}=5$

$x=5-3\frac{3}{4}=1\frac{1}{4}$

●55 ページ

□内 ① $\frac{1}{8}$ ② 9 ③ 12 ④ 5

●56 ページ

1 ① 6 ② $\frac{48}{175}$ ③ $2\frac{7}{18}$ ④ 15

チェックポイント ②のような問題では，（ ）の中の式をできるだけ簡単にしてから，x の値（あたい）を求めます。
x を求めるのに直接関係のない部分の式は，先に計算しておきます。

計算のしかた

② $\left(2\frac{1}{3}\times x-1\frac{1}{2}\times\frac{1}{3}\right)\div1\frac{2}{5}=0.1$

$\left(2\frac{1}{3}\times x-\frac{1}{2}\right)\div1\frac{2}{5}=\frac{1}{10}$

$2\frac{1}{3}\times x-\frac{1}{2}=\frac{1}{10}\times1\frac{2}{5}$

$2\frac{1}{3}\times x-\frac{1}{2}=\frac{7}{50}$

$2\frac{1}{3}\times x=\frac{7}{50}+\frac{1}{2}$

$2\frac{1}{3}\times x=\frac{16}{25}$

$x=\frac{16}{25}\div2\frac{1}{3}=\frac{48}{175}$

④ $0.24\div\left(x-7.2\times1\frac{1}{4}\right)-\frac{1}{50}=\frac{1}{50}$

$\frac{6}{25}\div\left(x-7\frac{1}{5}\times1\frac{1}{4}\right)=\frac{1}{50}+\frac{1}{50}$

$\frac{6}{25}\div(x-9)=\frac{1}{25}$

$x-9=\frac{6}{25}\div\frac{1}{25}$

$x-9=6$

$x=6+9=15$

2 ① $1\frac{2}{3}$ ② 2 ③ $\frac{5}{8}$

計算のしかた

② $\left\{\left(1-\frac{17}{25}\right)\div0.125-x\right\}\times2\frac{1}{7}-1=\frac{1}{5}$

$\left\{\left(1-\frac{17}{25}\right)\div\frac{1}{8}-x\right\}\times2\frac{1}{7}=\frac{1}{5}+1$

$\left(\frac{8}{25}\div\frac{1}{8}-x\right)\times2\frac{1}{7}=1\frac{1}{5}$

$\frac{8}{25}\div\frac{1}{8}-x=1\frac{1}{5}\div2\frac{1}{7}$

$2\frac{14}{25}-x=\frac{14}{25}$　$x=2\frac{14}{25}-\frac{14}{25}=2$

③ $2\frac{2}{5}+3.9+1\frac{1}{6}-\left(5\frac{1}{2}\div x-6\frac{2}{3}\right)\times1\frac{1}{8}=5\frac{1}{15}$

$7\frac{7}{15}-\left(5\frac{1}{2}\div x-6\frac{2}{3}\right)\times1\frac{1}{8}=5\frac{1}{15}$

$\left(5\frac{1}{2}\div x-6\frac{2}{3}\right)\times1\frac{1}{8}=7\frac{7}{15}-5\frac{1}{15}$

$\left(5\frac{1}{2}\div x-6\frac{2}{3}\right)\times1\frac{1}{8}=2\frac{2}{5}$

$5\frac{1}{2}\div x-6\frac{2}{3}=2\frac{2}{5}\div1\frac{1}{8}$

$5\frac{1}{2}\div x-6\frac{2}{3}=2\frac{2}{15}$

$5\frac{1}{2}\div x=2\frac{2}{15}+6\frac{2}{3}$

$5\frac{1}{2}\div x=8\frac{4}{5}$

$x=5\frac{1}{2}\div8\frac{4}{5}=\frac{5}{8}$

●57 ページ

1 ① 15 ② 9 ③ $\frac{3}{4}$ ④ 3 ⑤ 5 ⑥ $\frac{5}{6}$
⑦ 26 ⑧ 4

計算のしかた

⑦ $\left(3\frac{9}{10}+7\frac{3}{4}-9\frac{3}{8}\right)\div x+\frac{2}{5}=\frac{39}{80}$

$2\frac{11}{40}\div x=\frac{39}{80}-\frac{2}{5}$　$2\frac{11}{40}\div x=\frac{7}{80}$

$x=\frac{91}{40}\div\frac{7}{80}=26$

⑧$4\frac{6}{7}-\left(x-2\frac{3}{7}\div3\frac{9}{14}\right)\div1\frac{1}{6}=2$

$\left(x-\frac{2}{3}\right)\div1\frac{1}{6}=4\frac{6}{7}-2$

$\left(x-\frac{2}{3}\right)\div1\frac{1}{6}=2\frac{6}{7}$

$x-\frac{2}{3}=2\frac{6}{7}\times1\frac{1}{6}$

$x-\frac{2}{3}=3\frac{1}{3}$

$x=3\frac{1}{3}+\frac{2}{3}=4$

●58 ページ

1 ①$\frac{7}{8}$　②$\frac{7}{10}$　③$\frac{1}{3}$　④45

計算のしかた

④$\left(\frac{182}{390}+\frac{2310}{1386}-\frac{12}{x}\right)\times\left(\frac{286}{154}+\frac{504}{294}\right)=\frac{20}{3}$

$\left(\frac{7}{15}+1\frac{2}{3}-\frac{12}{x}\right)\times\left(1\frac{6}{7}+1\frac{5}{7}\right)=\frac{20}{3}$

$\left(\frac{7}{15}+1\frac{2}{3}-\frac{12}{x}\right)\times2\frac{11}{7}=\frac{20}{3}$

$2\frac{2}{15}-\frac{12}{x}=\frac{20}{3}\div2\frac{11}{7}$

$2\frac{2}{15}-\frac{12}{x}=1\frac{13}{15}$

$\frac{12}{x}=2\frac{2}{15}-1\frac{13}{15}$

$\frac{12}{x}=\frac{4}{15}$

$\frac{12}{x}=\frac{12}{45}$　$x=45$

2 ①$\frac{1}{2}$　②$14\frac{1}{3}$　③$\frac{1}{4}$

●59 ページ

1 ①19　②3.2$\left(3\frac{1}{5}\right)$　③$2\frac{6}{7}$

2 ①30　②$3\frac{2}{5}$　③1

計算のしかた

①$153\times\underline{0.3}+37\times\underline{0.3}-90\times\underline{0.3}$
$=\underline{0.3}\times(153+37-90)=0.3\times100=30$

3 ①6　②$\frac{2}{3}$

●60 ページ

1 ①3　②1.23　③$1\frac{5}{21}$　④9　⑤$\frac{32}{33}$

2 ①2.5$\left(2\frac{1}{2}\right)$　②0.2$\left(\frac{1}{5}\right)$　③$\frac{1}{3}$

計算のしかた

①$6\div0.2-2\times x\div5\times10=20$

$30-4\times x=20$

$4\times x=30-20$

$4\times x=10$

$x=10\div4=2.5$

③$x\div\left(\frac{5}{6}-\frac{3}{4}\right)-\left(\frac{2}{3}-\frac{1}{2}\right)\times\frac{1}{3}=\frac{71}{18}$

$x\div\frac{1}{12}-\frac{1}{6}\times\frac{1}{3}=\frac{71}{18}$

$x\div\frac{1}{12}-\frac{1}{18}=\frac{71}{18}$

$x\div\frac{1}{12}=\frac{71}{18}+\frac{1}{18}$

$x\div\frac{1}{12}=4$

$x=4\times\frac{1}{12}=\frac{1}{3}$

中学入試 模擬テスト

●61 ページ

1 ①33 ②40.76 $\left(40\frac{19}{25}\right)$ ③$\frac{9}{22}$ ④$\frac{5}{18}$

計算のしかた

① $108-8\times13+(216-129)\div3$
$=108-104+87\div3=4+29=33$

② $35+\{172-2\times(49-35)\}\div25$
$=35+(172-2\times14)\div25$
$=35+(172-28)\div25$
$=35+144\div25=35+5.76=40.76$

③ $\frac{3}{22}+1\frac{1}{4}\div2\frac{7}{24}-\frac{9}{11}\times\frac{1}{3}$

$=\frac{3}{22}+\frac{5\times24}{4\times55}-\frac{9}{11}\times\frac{1}{3}=\frac{3}{22}+\frac{12}{22}-\frac{6}{22}$

$=\frac{9}{22}$

④ $1\frac{7}{24}\div\left(4.15-\frac{7}{4}\right)-\frac{5}{8}\times\frac{5}{12}$

$=1\frac{7}{24}\div\left(4\frac{3}{20}-1\frac{15}{20}\right)-\frac{25}{8\times12}$

$=\frac{31}{24}\div\frac{12}{5}-\frac{25}{96}=\frac{31\times5}{24\times12}-\frac{25}{8\times12}$

$=\frac{155}{24\times12}-\frac{25\times3}{8\times12\times3}$

$=\frac{155-75}{24\times12}$

$=\frac{80}{24\times12}=\frac{5}{18}$

2 ①10 ②3 ③$3\frac{1}{3}$ ④$\frac{5}{13}$

計算のしかた

① $(1+2-3\times4\div x)\times5-6+7=8.9+1\frac{1}{10}$

$(3-12\div x)\times5+1=8.9+1.1$
$(3-12\div x)\times5+1=10$
$(3-12\div x)\times5=10-1$
$(3-12\div x)\times5=9$
$3-12\div x=9\div5$
$3-12\div x=1.8$
$12\div x=3-1.8$
$12\div x=1.2$
$x=12\div1.2=10$

② $1.7-[6.8-\{7.2-(8.5-6.8)\}$
$-(3.3-x)]=0.7$
$6.8-(7.2-1.7)-(3.3-x)=1.7-0.7$
$6.8-5.5-(3.3-x)=1$
$1.3-(3.3-x)=1$
$3.3-x=1.3-1$
$3.3-x=0.3$
$x=3.3-0.3=3$

③ $0.2\times\left(4\frac{2}{3}+x\right)-\frac{4}{5}=0.8$

$\frac{1}{5}\times\left(4\frac{2}{3}+x\right)-\frac{4}{5}=\frac{4}{5}$

$\frac{1}{5}\times\left(4\frac{2}{3}+x\right)=\frac{4}{5}+\frac{4}{5}$

$\frac{1}{5}\times\left(4\frac{2}{3}+x\right)=\frac{8}{5}$

$4\frac{2}{3}+x=\frac{8}{5}\div\frac{1}{5}$

$4\frac{2}{3}+x=8$

$x=8-4\frac{2}{3}=3\frac{1}{3}$

④ $\left(3\frac{1}{2}-x\times2\frac{3}{5}\right)\div0.75-1\frac{2}{3}=1\frac{2}{3}$

$\left(3\frac{1}{2}-x\times2\frac{3}{5}\right)\div\frac{3}{4}=1\frac{2}{3}+1\frac{2}{3}$

$\left(3\frac{1}{2}-x\times2\frac{3}{5}\right)\div\frac{3}{4}=3\frac{1}{3}$

$3\frac{1}{2}-x\times2\frac{3}{5}=3\frac{1}{3}\times\frac{3}{4}$

$3\frac{1}{2}-x\times2\frac{3}{5}=2\frac{1}{2}$

$x\times2\frac{3}{5}=3\frac{1}{2}-2\frac{1}{2}$

$x\times2\frac{3}{5}=1$

$x=1\div2\frac{3}{5}=\frac{5}{13}$

●62 ページ

3 ①0 ②30 ③79 ④$\frac{3}{10}$ ⑤$\frac{1}{2}$ ⑥$\frac{1}{10}$

⑦111111 ⑧20

☆19

計算のしかた

① $64\times51-96\times34$

$=32\times2\times17\times3-32\times3\times17\times2=0$

② $[\{(50-6\times7)\div16+(16+6\times4)\div8\}-0.5]\times6$

$=\{(50-42)\div16+40\div8-0.5\}\times6$

$=(8\div16+5-0.5)\times6$

$=(0.5+5-0.5)\times6=5\times6=30$

③ $316\times3.21+3.16\times123-41.9\times31.6$

$=\underline{31.6}\times32.1+\underline{31.6}\times12.3-41.9\times\underline{31.6}$

$=\underline{31.6}\times(32.1+12.3-41.9)$

$=31.6\times2.5=79$

④ $\frac{1}{1\times2\times3}+\frac{2}{2\times3\times4}+\frac{3}{3\times4\times5}$

$=\frac{1}{2\times3}+\frac{1}{3\times4}+\frac{1}{4\times5}$

$=\left(\frac{1}{2}-\frac{1}{3}\right)+\left(\frac{1}{3}-\frac{1}{4}\right)+\left(\frac{1}{4}-\frac{1}{5}\right)$

$=\frac{1}{2}-\frac{1}{5}=\frac{3}{10}$

⑤ $\left(21\frac{10}{23}-20\frac{13}{24}\right)\div2\frac{1}{8}\times\left(\frac{14}{29}-\frac{1}{30}\right)\times2\frac{11}{17}$

$=\left(\frac{493}{23}-\frac{493}{24}\right)\div\frac{17}{8}\times\left(\frac{420-29}{29\times30}\right)\times\frac{45}{17}$

$=\left(\frac{493\times24-493\times23}{23\times24}\right)\times\frac{8}{17}\times\frac{391}{29\times30}\times\frac{45}{17}$

$=\frac{493}{23\times24}\times\frac{8}{17}\times\frac{391}{29\times30}\times\frac{45}{17}=\frac{1}{2}$

⑥ $\left[2\frac{8}{21}\times\left\{4\frac{1}{3}\div\left(3\frac{1}{3}\times1\frac{6}{7}\right)-\frac{3}{5}\right\}-\frac{3}{14}\right]\div\frac{5}{21}$

$=\left[2\frac{8}{21}\times\left\{4\frac{1}{3}\div\left(\frac{10}{3}\times\frac{13}{7}\right)-\frac{3}{5}\right\}-\frac{3}{14}\right]\div\frac{5}{21}$

$=\left\{2\frac{8}{21}\times\left(4\frac{1}{3}\div\frac{130}{21}-\frac{3}{5}\right)-\frac{3}{14}\right\}\div\frac{5}{21}$

$=\left\{2\frac{8}{21}\times\left(\frac{13}{3}\times\frac{21}{130}-\frac{3}{5}\right)-\frac{3}{14}\right\}\div\frac{5}{21}$

$=\left\{2\frac{8}{21}\times\left(\frac{7}{10}-\frac{3}{5}\right)-\frac{3}{14}\right\}\div\frac{5}{21}$

$=\left(\frac{50}{21}\times\frac{1}{10}-\frac{3}{14}\right)\div\frac{5}{21}$

$=\left(\frac{5}{21}-\frac{3}{14}\right)\div\frac{5}{21}$

$=\left(\frac{10}{42}-\frac{9}{42}\right)\div\frac{5}{21}=\frac{1}{42}\div\frac{5}{21}$

$=\frac{1\times21}{42\times5}=\frac{1}{10}$

⑦ $\left\{\left(1+\frac{1}{100}+\frac{1}{10000}\right)-(0.01+0.0001+0.000001)\right\}\times\frac{1}{9}\div\frac{1}{100}\div\frac{1}{10000}$

$=\left\{\left(1+\frac{1}{100}+\frac{1}{10000}\right)-\left(\frac{1}{100}+\frac{1}{10000}+\frac{1}{1000000}\right)\right\}\times\frac{1}{9}\div\frac{1}{100}\div\frac{1}{10000}$

$=\left(1-\frac{1}{1000000}\right)\times\frac{1}{9}\times100\times10000$

$=\frac{999999}{1000000}\times\frac{1}{9}\times100\times10000$

$=999999\times\frac{1}{9}$

$=111111$

⑧ $\left(\frac{1}{18}-\frac{7}{33}\div4\frac{2}{3}\right)\div\left(0.25\times\frac{1}{11}-0.2\div9\right)$

$=\left(\frac{1}{18}-\frac{7\times3}{33\times14}\right)\div\left(\frac{1}{4}\times\frac{1}{11}-\frac{1}{5}\times\frac{1}{9}\right)$

$=\left(\frac{1}{18}-\frac{1}{22}\right)\div\left(\frac{1}{44}-\frac{1}{45}\right)$

$=\frac{22-18}{18\times22}\div\frac{45-44}{44\times45}$

$=\frac{4}{18\times22}\times\frac{44\times45}{1}=20$